装饰工程数字化应用型人才培养丛书

幕墙工程数字化设计与应用

DIGITAL DESIGN AND APPLICATION OF CURTAIN WALL ENGINEERING

邹贻权　孙在久　陈汉成　主编

华中科技大学出版社
http://press.hust.edu.cn
中国·武汉

内容简介

本书作为装饰工程数字化应用型人才培养丛书的第二本，主要介绍幕墙数字化设计的方法、流程、常用的工具、经典案例。

全书的重点分为两个方面：一方面是知识层面的数字化设计方法、流程，以及数字化设计工具的使用；另一方面是幕墙工程实际案例的介绍。本书的第5篇，征集幕墙行业头部企业数字化设计案例，将具有代表性的经典案例纳入其中。对于具体案例，描述其整体的应用内容、工具流程与方案、应用成效，总结了幕墙数字化设计实践的方法、流程。两个方面的结合能够加深读者对幕墙数字化设计的理解，帮助读者掌握相关业务操作技能。

本书主要适合有幕墙深化设计经验、向数字化设计转型发展的工程师使用。

图书在版编目（CIP）数据

幕墙工程数字化设计与应用/邹贻权，孙在久，陈汉成主编．—武汉：华中科技大学出版社，2025.4.
 ISBN 978-7-5772-0263-1

Ⅰ.①幕…　Ⅱ.①邹…　②孙…　③陈…　Ⅲ.①幕墙-建筑工程　Ⅳ.①TU227

中国国家版本馆CIP数据核字（2023）第254889号

幕墙工程数字化设计与应用　　　　　　邹贻权　孙在久　陈汉成　主编
Muqiang Gongcheng Shuzihua Sheji yu Yingyong

策划编辑：王一洁
责任编辑：刘　静
封面设计：金　金　丁　振　唐　坚
责任监印：朱　玢
出版发行：华中科技大学出版社（中国·武汉）　　电　话：(027) 81321913
　　　　　武汉市东湖新技术开发区华工科技园　　邮　编：430223
录　　排：华中科技大学出版社美编室
印　　刷：湖北金港彩印有限公司
开　　本：710mm×1000mm　1/16
印　　张：22.75
字　　数：432千字
版　　次：2025年4月第1版第1次印刷
定　　价：128.00元

本书若有印装质量问题，请向出版社营销中心调换
全国免费服务热线：400-6679-118　　竭诚为您服务
版权所有　侵权必究

本书编委会

编委会主任
徐　刚　深圳海外装饰工程有限公司

主　编
邹贻权　湖北工业大学
孙在久　中国建筑装饰集团有限公司
陈汉成　深圳海外装饰工程有限公司

副主编
孔祥羚　深圳海外装饰工程有限公司
蔡海涛　中国建筑装饰集团有限公司
刘　磊　湖北工业大学
周　聪　湖北工业大学
胡利进　深圳海外装饰工程有限公司
郑　鑫　深圳市元弘建筑装饰创意和产业技术研究院
石　媛　深圳大学
刘　明　深圳海外装饰工程有限公司
周　月　深圳海外装饰工程有限公司
孙　炜　武汉创高建装股份有限公司
游红超　北京凯顺腾建筑设计有限公司
刘晓红　深圳市建筑设计研究总院有限公司

编写人员（排名不分先后）：

深圳海外装饰工程有限公司	庞华华	李关平	曾幼刚	肖新汉
	李亚冰	陈智坚	李　明	邓宇宸
	程路杨	刘冠华	刘建中	陶薪宇
	吕淑文	李传政	陆　遥	朱妍蓉
	孙　杰	黄　敏	唐志强	唐　坚
	丁　振	周沛阳	陈沉沉	周星明
	杨鹏举	张　勐	刘　斌	黄　华
	谢盛奋	唐　辉	胡羽升	胡博林
	谢　波	徐雨豪	祝　伟	申雪连
武汉创高建装股份有限公司	吕冰锋	湛凡刚	万亚凡	罗剑博
	彭书洁			
中建东方装饰有限公司	郭志坚	彭许明	陈景燕	刘　健
武汉凌云建筑装饰工程有限公司	朱裕良	陈　功	刘晓峰	陈　辰
	徐敬苏	徐洪汛	李　刚	张朝正
中国建筑第三工程局有限公司	姜玖波	刘　洋	孙德明	谢李林
	黄晓鹏	刘　杰		
湖北水利水电职业技术学院	张天俊	余丹丹	肖长永	朱　菁
深圳市三鑫科技发展有限公司	蔡广剑	欧阳立冬	陈清辉	柏良群
	李永烨	陈留金	杨　云	裴　亮
深圳市方大建科集团有限公司	文　林	王　斌	李奇新	徐　强
	谭伟业	何青林		
深圳市建筑设计研究总院有限公司	邢立华	符永贤	刘瑞平	余妙玲
北京凯顺腾建筑设计有限公司	王　勇	王凤成	冷大伟	柳　成
	林冠宏	姜　乐		

序

  2021年的政府工作报告指出,"十四五"期间要改造提升传统产业,加快数字化发展,打造数字经济新优势,协同推进数字产业化和产业数字化转型。数字化转型是大势所趋,加快推进数字化转型,创造数字化发展新模式,已经成为引领创新和驱动转型的先导力量。当前,我国的建筑装饰行业正在转型升级,数字化技术将会在这场变革中起到关键作用,也必定成为装饰行业实现技术创新、转型升级的突破口。尽管我国将数字化技术引入各行各业已有相当长的一段时间,但在建筑装饰领域,所创造的经济效益和社会效益只是星星之火。高效利用信息化、数字化为建筑装饰行业服务,是一项挑战,也是未来的必然。

  深圳海外装饰工程有限公司(简称海外装饰)在国有企业改革三年行动以及5G、人工智能、互联网等新技术普及的大背景下,积极开展信息化建设、数字化和智能化转型。海外装饰从2014年开始,在数字化方面先后展开BIM技术人才培训、BIM应用、深化设计与BIM的融合等一系列的工作,与湖北工业大学联合成立行业首个校企联合的BIM研究院,"产、学、研、用"相结合推进数字化应用。海外装饰坚信,数字化是产业转型升级的核心引擎。数字化是推动建筑装饰行业高质量发展迈上新台阶,提升项目管理水平与企业核心竞争力,赋能企业高质量发展,迈向具有全球竞争力的世界一流企业的必经之路。建筑装饰行业的数字化,既是应用技术的系统性创新,也是生产方式的革命性变化,必须达成行业共识、凝聚行业力量,才能整体驱动产业进步。

  为加强相关领域人员对装饰工程数字化技术的掌握和普及,实现装饰工程数字化的转型升级,海外装饰特邀请国内建筑装饰行业研究、教学、开发和应用等方面的专家、一线工程设计和施工人员以及从事数字化技术前沿研究的高校教师,组成装饰工程数字化应用型人才培养丛书编写委员会,策划编写装饰工程数字化应用型人才培养丛书。在2022年完成《装饰工程数字化设计与应用》后，丛书编写委员会开启了《幕墙工程数字化设计与应用》的编写。

本书作为装饰工程数字化应用型人才培养丛书的第二本，主要介绍幕墙数字化设计的方法、流程、常用的工具、经典案例。全书的重点分为两个方面：一方面是知识层面的数字化设计方法、流程，以及数字化设计工具的使用；另一方面是幕墙工程实际案例的介绍。本书的第5篇，征集幕墙行业头部企业数字化设计案例，将具有代表性的经典案例纳入其中。对于具体案例，描述其整体的应用内容、工具流程与方案、应用成效，总结了幕墙数字化设计实践的方法、流程。两个方面的结合能够加深读者对幕墙数字化设计的理解，帮助读者掌握相关业务操作技能。本书主要适合有幕墙深化设计经验、向数字化设计转型发展的工程师使用。丛书编写委员会期望本套丛书成为现代建筑装饰行业领域设计、技术人员的指导教材，能够在日常工作中较为系统、深入地发挥实践指导作用，同时成为高等院校、企业单位等的相关人员学习幕墙工程数字化领域专业技能的工具书。

本书在编写和审核的过程中，得到了业内同行专家的倾情帮助和支持，专家的智慧和经验弥足珍贵，蕴含在研究成果的字里行间，我们衷心感谢各方的协作与支持。感谢中国建筑装饰集团有限公司、深圳海外装饰工程有限公司、湖北工业大学、深圳市元弘建筑装饰创意和产业技术研究院、中建东方装饰有限公司、武汉凌云建筑装饰工程有限公司、中国建筑第三工程局有限公司、深圳市三鑫科技发展有限公司、深圳市方大建科集团有限公司等单位，对本套丛书的编写提供大力支持和帮助，为实现中国建筑装饰行业的数字化转型升级和快速发展贡献力量，感谢华中科技大学出版社为本套丛书的出版所做出的大量工作。

我们相信中国建筑装饰行业的数字化转型势在必行，中国建筑装饰行业必定会在信息技术的支持下实现更加高远的腾飞和发展！

装饰工程数字化应用型人才培养丛书

编委会主任：

2024年9月

目录

第1篇　幕墙数字化设计概论

01　幕墙概述　/ 003

1.1　幕墙的特点　/ 004

1.2　幕墙的构成　/ 005

1.3　幕墙的类型　/ 015

02　数字化设计基础知识　/ 029

2.1　数字化设计发展概要　/ 030

2.2　建筑信息模型（BIM）概述　/ 036

2.3　计算性设计概述　/ 039

03　幕墙模型与数据标准　/ 043

3.1　模型类型　/ 044

3.2　模型标准　/ 046

3.3　数据标准　/ 050

04 幕墙数字化设计工具　/ 055

4.1　设计与表达软件　/ 056

4.2　计算与仿真软件　/ 067

05 幕墙数字化设计应用　/ 073

5.1　方案设计阶段　/ 074

5.2　初步设计阶段　/ 079

5.3　施工图设计阶段　/ 086

5.4　工程实施阶段　/ 092

第 2 篇　幕墙模型创建实务

06 理论部分　/ 101

6.1　幕墙 BIM 深化设计的一般工作流程　/ 102

6.2　各个阶段模型交付标准　/ 123

07 技能部分　/ 129

7.1　资源库制作　/ 130

7.2　模型管理　/ 136

7.3　定位系统创建　/ 138

7.4　表皮模型制作　/ 138

7.5　大样模型制作　/ 142

7.6　施工模型制作　/ 165

7.7　运维模型制作　/ 170

第 3 篇　幕墙模型应用实务

08　实务技术目的及图纸的校核　/ 177
8.1　实务技术目的　/ 178
8.2　图纸的校核　/ 178

09　设计协调　/ 181
9.1　外部协调沟通　/ 182
9.2　内部协调沟通　/ 183
9.3　碰撞检查　/ 183

10　基于 BIM 模型的出图　/ 185
10.1　导出平面图　/ 186
10.2　导出立面图　/ 188
10.3　导出剖面图　/ 189
10.4　生成加工图　/ 191
10.5　导出板块编号图　/ 193
10.6　根据需要导出龙骨布置图　/ 194
10.7　导出龙骨支座定位图　/ 195

11　基于模型的算量　/ 199

12　下料、加工图　/ 201

13　可视化　/ 205
13.1　模型可视化　/ 206

13.2 效果图渲染可视化 / 207

13.3 视频动画制作可视化 / 208

13.4 设计可视化 / 208

13.5 施工组织可视化 / 209

14 轻量化模型输出与应用 / 211

14.1 减少模型中的面数 / 212

14.2 网格简化 / 212

14.3 LOD 技术 / 212

14.4 删除不必要的构件和细节 / 213

第 4 篇 幕墙数字化设计专题技术

15 造型优化技术 / 217

15.1 曲线曲面有理化 / 218

15.2 参数化曲面划分 / 222

16 造型拟合优化 / 229

16.1 平面相对翘曲定量分析 / 230

16.2 平板拟合单曲 / 230

16.3 单曲拟合双曲 / 232

17 软件数据交换 / 237

17.1 Excel 数据导入 Grasshopper 中 / 238

17.2 Grasshopper 数据导入 Excel 中 / 239

17.3 Grasshopper 数据导入 Rhino 中 / 241

17.4 Rhino 空间文字转换为 Grasshopper 数值数据 / 241

18 Grasshopper 可视化编程及插件 / 243

18.1 可视化编程原理 / 244
18.2 相关效率提升工具 / 245

19 基于 Rhino 的二次开发 / 251

19.1 基于 Grasshopper 的功能封装 / 252
19.2 基于 RhinoScript 的二次开发 / 255
19.3 基于 VS 的深度开发 / 259

第 5 篇 幕墙数字化设计项目案例

20 芯谷工程幕墙项目 / 265

20.1 项目概况 / 266
20.2 BIM 成果 / 267

21 怡心湖工程幕墙项目 / 281

21.1 项目概况 / 282
21.2 项目难点及解决思路 / 282
21.3 优化算法及原理 / 283
21.4 优化应用成果 / 286

22 安吉"两山"未来科技城科技人才中心幕墙项目 / 287

22.1 项目概况 / 288
22.2 BIM 技术应用成果与特色 / 288
22.3 BIM 技术应用总结与反思 / 294

23 柳东新区文化广场幕墙项目 / 295

23.1 项目概况 / 296
23.2 BIM 技术应用成果与特色 / 296
23.3 BIM 技术应用总结与反思 / 303

24 许昌市科普教育基地工程幕墙项目 / 305

24.1 项目概况 / 306
24.2 BIM 技术应用成果与特色 / 306
24.3 BIM 技术应用总结与反思 / 309

25 丽泽 SOHO 项目外幕墙设计与建造 / 311

25.1 项目概况 / 312
25.2 丽泽 SOHO 项目外幕墙设计与建造 / 313
25.3 BIM 技术应用总结与反思 / 321

26 深圳国际会展中心（一期）七标段幕墙项目 / 323

26.1 项目概况 / 324
26.2 BIM 技术应用成果与特色 / 324
26.3 BIM 技术应用总结与反思 / 333

27 金湾市民艺术中心幕墙项目 / 335

27.1 项目概况 / 336
27.2 BIM 技术应用成果与特色 / 336
27.3 BIM 技术应用总结与反思 / 340

28 珠海横琴国际金融中心幕墙项目 / 343

28.1 项目概况 / 344

28.2 项目重难点分析 / 345

28.3 BIM 技术应用成果与特色 / 346

第1篇 幕墙数字化设计概论

01

幕墙概述

1.1 幕墙的特点

建筑幕墙是由面板与支承结构体系组成,具有规定的承载能力、变形能力和适应主体结构位移能力,不分担主体结构所受作用的建筑外围护墙体结构或装饰性结构。

幕墙具有以下四个主要特点:结构不承重、结构自成体系、微位移功能、优良的外观效果。这些特点使得幕墙成为现代建筑中不可或缺的元素,为建筑师和工程师提供了更多的设计可能性。

1. 结构不承重

幕墙系统除了承受自身重量、风荷载和地震荷载等外力影响外,不承受主体结构的荷载。这一特点使得幕墙可以采用更轻质的材料,从而减轻建筑物的整体重量。同时,这也为建筑设计提供了更大的灵活性,使得幕墙可以独立于主体结构进行设计和安装。

2. 结构自成体系

幕墙形成一个独立的柔性体系,能够适应各种变形和位移需求。幕墙结构自成体系具有以下优点。

(1) 幕墙可以独立承受风荷载等外力。
(2) 幕墙可以适应建筑主体结构的变形。
(3) 幕墙便于安装、维护和更换。
(4) 幕墙可以提高建筑物的整体性能和耐久性。

3. 微位移功能

幕墙系统能够实现微小位移,以应对以下情况。

(1) 自身变形(如热胀冷缩):材料受温度变化影响会产生膨胀或收缩,幕墙系统需要能够适应这种变化。
(2) 风压和地震产生的受力变形:在外力作用下,幕墙需要有一定的变形能力以吸收应力,防止破坏。

（3）平整度调整需求：在安装和使用过程中，可能需要对幕墙进行微调以保证其平整度和美观性。

（4）建筑主体结构的沉降和位移：随着时间推移，建筑物可能会发生轻微沉降或位移，幕墙系统需要能够适应这些变化。

这种微位移功能通常通过各种连接件和密封材料的设计来实现，确保幕墙系统在各种条件下都能保持良好的性能和外观。

4. 优良的外观效果

幕墙系统便于打造各种造型，能够实现多样化的建筑外观设计。这一特点为建筑师提供了广阔的创作空间，使得建筑物能够呈现出独特的视觉效果。具体表现在以下方面。

（1）材料多样性：可以选用玻璃、金属、石材等不同材料，创造出丰富的视觉效果。

（2）形状灵活性：幕墙可以设计成各种几何形状，如平面、曲面、折线面等。

（3）色彩丰富性：通过不同颜色和纹理的搭配，可以实现多彩的建筑外观。

（4）光影效果：特别是玻璃幕墙，可以利用光线的反射和透射创造出独特的视觉效果。

（5）节能环保：现代幕墙系统还可以集成太阳能电池、遮阳系统等，既美观又环保。

作为现代建筑的重要组成部分，幕墙不仅满足了建筑物的功能需求，还大大提升了建筑的美学价值和环境性能。随着技术的不断进步，幕墙系统在未来将会有更广阔的应用前景和发展空间。

1.2 幕墙的构成

幕墙系统通常包括支承结构体系、面板固定构件、面板和性能构件等主要组成部分。

1.2.1 支承结构体系

支承结构体系是幕墙的骨架,承担着传递荷载和固定面板的重要功能。它主要由预埋件、转接件和龙骨三个部分组成。

1. 预埋件

预埋件是连接幕墙与建筑主体结构的关键部件。

(1) 定义。

预埋件是在建筑主体结构施工过程中预先埋设的金属构件。

(2) 功能。

预埋件用于为幕墙系统提供固定点,传递幕墙荷载至建筑主体结构。

(3) 材料。

预埋件通常采用碳钢或不锈钢制造,以确保具有足够的强度和良好的耐久性。

(4) 安装位置。

预埋件主要埋设在建筑的楼板边缘、梁或柱中。

(5) 重要性。

预埋件的定位准确与否直接影响幕墙的安装精度和整体效果。

(6) 设计考虑。

① 承载能力:需根据幕墙系统的重量和外部荷载(如风荷载、地震荷载)进行计算,确保预埋件有足够的承载能力。

② 防腐处理:对于碳钢预埋件,需进行适当的防腐处理,如热浸镀锌或涂防锈漆,以延长使用寿命。

2. 转接件

转接件连接预埋件和龙骨,在幕墙安装过程中起到调节作用。

(1) 定义。

转接件是连接预埋件和龙骨的中间构件。

(2) 功能。

① 传递荷载:将幕墙荷载从龙骨传递至预埋件。

② 调节安装:提供水平、垂直和深度方向的调节,以适应施工误差。

(3) 材料。

转接件常用铝合金或不锈钢制造,以兼顾强度和防腐性能。

(4) 类型。

根据调节方式不同,转接件可分为单向调节转接件、双向调节转接件和三向调节转接件。

(5) 设计考虑。

① 调节范围:根据预期的施工误差和安装需求,合理设计转接件的调节范围,通常水平和垂直方向的调节量在±20 mm 范围内。

② 承载能力:转接件需能够承受幕墙系统传递的各种荷载,包括重力荷载、风荷载和地震荷载等。

3. 龙骨

龙骨是支承结构体系的主要承重部分,直接支承幕墙面板。

(1) 定义。

龙骨是幕墙的主要承重构件,垂直或水平设置。

(2) 功能。

① 承重:承担幕墙面板的重量和风荷载。

② 固定:为面板提供安装和固定的基础。

③ 调节:通过与转接件的配合,实现幕墙的找平和校正。

(3) 材料。

龙骨主要采用铝合金型材制造,具有重量轻、强度高、耐腐蚀等优点。

(4) 类型。

① 立柱:垂直设置,主要承担竖向荷载。

② 横梁:水平设置,连接立柱,增强整体刚度。

(5) 设计考虑。

① 断热设计:在寒冷地区,需考虑热桥问题,采用断热型材。

② 排水设计:立柱通常设计成中空结构,以便于排水和布置电缆。

1.2.2 面板固定构件

面板固定构件是连接幕墙面板与支承结构体系的重要组成部分,直接影响幕墙的安全性、稳定性和美观性。根据固定方式的不同,可以将面板固定构件分为以下三类。

1. 槽形固定件

（1）定义。

槽形固定件是一种沿面板边缘连续设置的长条状构件。

（2）功能。

① 固定：为面板提供连续的支承和固定。

② 密封：与密封胶条配合，确保幕墙的气密性和水密性。

③ 调节：允许面板在一定范围内进行微调，以适应安装误差。

（3）材料。

槽形固定件通常采用铝合金挤压型材制造，具有重量轻、强度高、耐腐蚀等优点。

（4）适用范围。

① 玻璃幕墙：常用于框支承玻璃幕墙系统。

② 金属板幕墙：适用于大部分金属板幕墙的安装。

（5）优点。

① 受力均匀：沿面板边缘连续支承，应力分布更加均匀。

② 安装效率高：通长设置，便于快速安装和调节。

③ 美观性好：槽形固定件隐藏在面板之间，外观整洁。

（6）设计考虑。

① 热胀冷缩：需预留适当的伸缩缝，以适应温度变化。

② 排水设计：槽内应设置排水孔，以防止积水。

2. 短条或点状固定条

（1）定义。

短条或点状固定条是在面板边缘或背面间隔设置的局部固定构件。

（2）功能。

① 固定：为面板提供离散的支承点。

② 调节：允许更大范围的面板调节，适应较大的安装误差。

③ 减少热桥：相比通长固定，可减少热传导。

（3）材料。

短条或点状固定条常用铝合金或不锈钢制造，一般根据荷载要求选择合适的材料。

（4）适用范围。

① 石材幕墙：常用于石材板的背栓式固定。

② 大板幕墙：适用于大尺寸面板的安装，如陶土板、纤维水泥板等。

（5）优点。

① 灵活性高：可根据面板尺寸和荷载要求灵活布置固定点。

② 热工性能好：减少了金属构件与面板的接触面积，降低了热桥效应。

③ 安装调节方便：各固定点可独立调节，便于精确定位。

（6）设计考虑。

① 应力集中：需通过合理布置固定点，避免应力过度集中。

② 防水设计：固定点处需做好防水密封处理。

3. 点抓支架和点接驳构件

（1）定义。

点抓支架和点接驳构件是局部固定面板的专用构件，常用于全玻璃幕墙或特殊造型幕墙。

（2）功能。

① 固定：通过局部抓取或穿孔方式固定面板。

② 传力：将面板荷载传递至支承结构。

③ 美观：最大限度地减少固定件的可见部分，提升幕墙的透明度和美观性。

（3）材料。

点抓支架和点接驳构件通常采用不锈钢或高强度合金制造，以确保具有足够的强度和良好的耐久性。

（4）适用范围。

① 全玻璃幕墙：如点支承玻璃幕墙、索网玻璃幕墙等。

② 特殊造型幕墙：适用于非规则形状或曲面幕墙的固定。

（5）类型。

① 爪式点抓：通过机械抓取方式固定玻璃边缘。

② 穿孔式点抓：通过玻璃上的预制孔固定面板。

③ 黏结式点抓：使用结构胶黏结固定，无须在玻璃上开孔。

（6）设计考虑。

① 应力分析：需进行详细的应力分析，确保固定点周围应力分布合理。

② 安全性：对于高空应用，通常需要进行额外的安全设计，如设置安全绳。

③ 热胀冷缩：设计时需考虑温度变化带来的面板尺寸变化，预留足够的变形空间。

面板固定构件的选择需要综合考虑幕墙类型、面板材料、建筑造型、荷载要求等多方面因素。合理的固定方式不仅能确保幕墙的安全性和耐久性，还能提升建筑的整体美观效果。在实际应用中，设计者常常需要根据具体项目需求，灵活运用或组合使用这些固定方式，以实现最佳的工程效果。

1.2.3 面板

面板是幕墙系统的外表层，直接暴露于外环境中，不仅决定了建筑的外观效果，还承担着重要的功能作用。根据面板的主要功能，可以将面板分为外围护性能类面板和装饰类面板两大类。

1. 外围护性能类面板

（1）定义。

外围护性能类面板是具有保温、隔热、隔声等功能的幕墙面板，主要用于满足建筑物理性能要求。

（2）功能。

① 保温隔热：阻止热量传递，维持室内舒适温度。

② 隔声：减少外界噪声对室内的影响。

③ 防水：阻挡雨水渗入建筑内部。

④ 遮阳：避免阳光直射，减少室内热增量。

（3）常见材料。

① 中空玻璃：由两层或多层玻璃组成，具有良好的保温隔热性能。

② 复合保温板：由金属面板和保温材料复合而成，兼具装饰和保温功能。

③ 光伏一体化面板：集成太阳能电池，既能发电又能作为建筑外围护结构。

（4）设计考虑。

① 热工性能：根据建筑所在地气候条件，选择适当的保温材料和厚度。

② 气密性：确保面板之间的连接缝隙有良好的密封性能。

③ 结露控制：合理设计面板构造，避免内部结露。

④ 耐久性：考虑面板长期暴露在外环境中的耐候性。

⑤ 维护性：设计时应考虑面板的清洁和更换便利性。

2. 装饰类面板

（1）定义。

装饰类面板主要用于提升建筑外观效果，增强建筑的美学价值和个性化表现。

（2）功能。

① 美化外观：创造独特的建筑立面效果。

② 个性化表达：体现建筑设计理念和风格。

③ 环境协调：与周围环境和景观相融合。

（3）常见材料。

① 金属板：如铝板、不锈钢板、钛锌板等，可实现多样化的表面处理效果。

② 石材板：如花岗岩板、大理石板等，呈现自然质感。

③ 陶土板：具有独特的质感和色彩，耐久性好。

④ 彩釉玻璃：通过丝网印刷等工艺，实现多彩的装饰效果。

（4）设计考虑。

① 色彩搭配：根据建筑整体设计理念，选择合适的色彩方案。

② 材料组合：搭配使用不同的材料，创造丰富的视觉效果。

③ 图案设计：通过面板的排列、组合或表面处理，形成特定的图案或纹理。

④ 光影效果：考虑阳光照射下的反光、透光效果，增强建筑的动态美感。

⑤ 防污性能：选择易于清洁、不易积灰的材料和表面处理方式。

⑥ 安全性：对于高层建筑，需考虑面板的抗风压性能和安全固定方式。

⑦ 重量控制：在追求美观的同时，需控制面板重量，减轻对支承结构的负担。

作为幕墙系统的重要组成部分，面板在满足功能需求的同时，也是建筑师实现设计意图的重要载体。外围护性能类面板和装饰类面板经常需要结合使用，以获得理想的建筑物理性能和视觉效果。在实际应用中，设计者需要根据建筑类型、使用要求、环境条件等因素，合理选择面板材料和构造方式，同时考虑施工难度、成本控制和后期维护等问题，以实现幕墙系统的最佳综合性能。

1.2.4 性能构件

性能构件是幕墙系统中确保整体性能的关键元素,它们共同作用以实现幕墙的防水、保温、隔声和防火等功能。以下是幕墙系统中常见的五种重要性能构件。

1. 密封胶

(1) 定义。
密封胶是用于填充和密封幕墙各构件之间缝隙的柔性材料。
(2) 功能。
① 防水:阻止雨水渗入建筑内部。
② 气密:防止空气渗透,提高建筑能效。
③ 适应变形:吸收幕墙系统的结构变形。
(3) 常用材料。
① 硅酮结构胶:具有优异的黏结强度和耐候性。
② 聚氨酯密封胶:具有良好的弹性和耐磨性。
③ 硅酮耐候胶:适用于外部接缝的密封。
(4) 设计考虑。
① 相容性:确保密封胶与接触材料不发生化学反应。
② 耐候性:选择能长期抵抗紫外线和大气污染的材料。
③ 施工工艺:考虑施工环境对密封胶固化的影响。
④ 维护更换:设计时应考虑日后的检查和更换便利性。

2. 防水层

(1) 定义。
防水层是设置在幕墙内侧的防止水分渗透的构造层。
(2) 功能。
① 阻挡渗水:防止雨水通过幕墙缝隙渗入室内。
② 导水排水:将可能渗入的水分引导至排水系统。

（3）常用材料。

① 防水膜：如 EPDM 橡胶膜、TPO 膜等。

② 金属防水板：如铝板、不锈钢板等。

（4）设计考虑。

① 连续性：确保防水层在整个幕墙面上连续无间断。

② 搭接方式：合理设计搭接方式，避免逆向搭接。

③ 穿透处理：对于穿过防水层的固定件，需做好局部加强防水。

④ 排水设计：设置合理的排水通道，确保渗入水能顺利排出。

3. 保温岩棉填充层

（1）定义。

保温岩棉填充层是安装在幕墙内侧的用于提高热工性能的材料层。

（2）功能。

① 保温隔热：减少热量传递，提高建筑能效。

② 吸音：改善室内声环境。

（3）材料特性。

① 低导热系数：通常在 0.033～0.040 W/（m·K）之间。

② 不燃性：属于 A 级不燃材料，有利于提高幕墙防火性能。

③ 透气性：允许水蒸气透过，降低结露风险。

（4）设计考虑。

① 厚度选择：根据建筑节能要求和当地气候条件确定。

② 密度选择：一般选用 60～120 kg/m^3 的岩棉，以兼顾保温和强度要求。

③ 防潮处理：考虑增加防潮层，防止岩棉受潮影响保温效果。

④ 固定方式：采用专用固定件，避免热桥效应。

4. 隔声岩棉附加层

（1）定义。

隔声岩棉附加层是为提高幕墙隔声性能而增设的吸音材料层。

（2）功能。

① 吸收声能：减少声波反射，提高隔声效果。

② 改善声学性能：优化室内声环境。

(3) 材料特性。
① 高吸声系数：在中高频段具有良好的吸声性能。
② 开孔率高：提高声波进入材料内部被吸收的概率。
(4) 设计考虑。
① 厚度选择：根据目标隔声量确定，通常 6～10 cm 即可满足要求。
② 密度选择：一般选用 80～100 kg/m³ 的高密度岩棉。
③ 安装位置：通常安装在保温层内侧，靠近室内一侧。
④ 覆面处理：考虑加设透声布，以防止纤维脱落。

5. 防火隔断填充

(1) 定义。
防火隔断填充是在幕墙与楼板之间设置的防止火势蔓延的构件。
(2) 功能。
① 阻止火势蔓延：防止火灾通过幕墙空腔在楼层间蔓延。
② 保持防火完整性：维持建筑整体的防火分区效果。
(3) 常用材料。
① 防火岩棉：具有良好的耐火性能和隔热效果。
② 防火封堵材料：如防火泡沫、防火板等。
(4) 设计考虑。
① 耐火等级：根据建筑防火要求选择适当耐火等级的材料。
② 安装位置：通常设置在每层楼板与幕墙交接处。
③ 密实性：确保填充材料与周围构件紧密接触，无空隙。
④ 伸缩协调：考虑主体结构变形对防火隔断的影响，采取适当的构造措施。
⑤ 检修便利性：设计时应考虑后期检查和更换的可能性。

这五种性能构件在幕墙系统中扮演着至关重要的角色，它们相互配合，共同确保幕墙系统的整体性能。在实际应用中，设计者需要根据建筑的具体要求和使用环境，合理选择和设计这些性能构件，以实现幕墙系统的最佳综合性能。同时，设计者还需要考虑这些构件之间的协调性，确保它们能够在整个幕墙系统中有效发挥各自的功能，从而获得理想的建筑物理性能和使用效果。

1.3 幕墙的类型

1.3.1 按功能与性能分类

幕墙系统可以根据其主要功能和性能特点进行分类，这种分类方法有助于我们更好地理解不同类型幕墙的设计意图和应用场景。以下是三种主要的幕墙类型。

1. 围护型幕墙

（1）定义。

围护型幕墙是以满足建筑物理性能要求为主要目的的幕墙系统。围护型幕墙以玻璃幕墙为代表，性能可与传统维护墙体相当或更优。

（2）主要功能。

① 保温隔热：维持室内温度，减少能源消耗。

② 防水防潮：阻止雨水渗透，控制室内湿度。

③ 隔声：降低外界噪声对室内环境的影响。

④ 遮阳：避免阳光直射，减少室内热增量。

（3）常用材料。

① 中空玻璃：具有良好的保温隔热性能。

② 保温复合板：由金属面板与保温材料复合而成，兼具装饰和保温功能。

③ 低辐射镀膜玻璃：提高玻璃的保温性能。

（4）设计考虑。

① 热工性能：根据建筑节能要求选择合适的材料和构造。

② 气密性：确保各构件之间的连接有良好的密封性能。

③ 结露控制：合理设计面板构造，避免内部结露。

④ 排水设计：设置有效的排水系统，及时排出可能渗入的雨水。

2. 装饰型幕墙

(1) 定义。

装饰型幕墙主要用于展现不同材料质感和肌理，以提升建筑外观效果为目的，强调美学价值和视觉表现。

(2) 主要功能。

① 美化外观：创造独特的建筑立面效果。

② 彰显个性：体现建筑设计理念和风格。

③ 环境协调：与周围环境和景观相融合。

(3) 常用材料。

① 金属板：如铝板、不锈钢板、钛锌板等，可实现多样化的表面处理效果。

② 石材板：如花岗岩板、大理石板等，呈现自然质感。

③ 陶土板：具有独特的质感和色彩，耐久性好。

④ 彩釉玻璃：通过丝网印刷等工艺，实现多彩的装饰效果。

(4) 设计考虑。

① 造型设计：通过面板的形状、排列方式创造独特的立面效果。

② 色彩搭配：根据建筑整体设计理念，选择合适的色彩方案。

③ 材料组合：搭配使用不同的材料，创造丰富的视觉效果。

④ 光影效果：考虑阳光照射下的反光、透光效果，增强建筑的动态美感。

(5) 应用场景。

① 文化建筑：如博物馆、剧院等，需要彰显建筑特色。

② 商业建筑：如商场、酒店等，注重吸引力和识别度。

③ 地标性建筑：需要独特外观以形成城市景观特色。

3. 特殊性能幕墙

特殊性能幕墙是为满足特定功能需求而设计的幕墙系统，通常具有额外的性能特点，如节能、发电、通风等，以适应特殊的建筑要求或环境条件。

1）双层幕墙

(1) 定义。

双层幕墙由内外两层玻璃幕墙组成，中间形成可控制的通风空腔，是一种集保温、隔热、通风于一体的高性能幕墙系统。

（2）主要功能。

① 提高保温隔热性能：空气缓冲层减少热传递。

② 自然通风：利用空腔进行被动式通风。

③ 降低噪声：双层结构增强隔音效果。

④ 集成遮阳：在空腔中安装遮阳装置，提高调节灵活性。

（3）常用材料。

① 高性能玻璃：如Low-E镀膜玻璃、中空玻璃。

② 金属框架：铝合金或钢结构框架。

③ 智能控制系统：用于调节通风和遮阳装置。

（4）设计考虑。

① 热工性能：优化空腔宽度和通风策略，提高节能效果。

② 结构安全：考虑双层结构的荷载传递和抗风压性能。

③ 维护管理：设计便于清洁的开启系统和检修通道。

④ 防火设计：确保符合建筑防火规范要求。

（5）应用场景。

① 高层建筑：利用自然通风降低能耗。

② 严寒或酷热地区的建筑：提供更好的隔热保温效果。

③ 对噪声控制要求高的建筑：如靠近机场或繁忙道路的办公楼。

2）光电幕墙

（1）定义。

光电幕墙是将太阳能光伏组件集成到建筑幕墙中的系统，既作为建筑围护结构，又能够发电，实现建筑与可再生能源的有机结合。

（2）主要功能。

① 发电：将太阳能转换为电能，供建筑使用。

② 节能减排：减少建筑对传统能源的依赖，降低碳排放。

③ 遮阳：光伏组件可作为遮阳构件，减少室内热增量。

④ 美化外观：创造现代化、有科技感的建筑立面。

（3）常用材料。

① 光伏组件：单晶硅、多晶硅或薄膜太阳能电池。

② 特种玻璃：具有高透光率和耐久性的钢化玻璃。

③ 导电材料：用于电能收集和传输的线路系统。

（4）设计考虑。

① 发电效率：优化光伏组件的朝向和倾角，最大化发电量。

② 系统集成：确保光伏系统与建筑电气系统的兼容性。

③ 安全性：考虑光伏组件的防脱落设计和电气安全。

④ 美学效果：协调光伏组件与建筑整体外观设计。

（5）应用场景。

① 绿色建筑：追求高能效和可持续发展的项目。

② 公共建筑：如学校、图书馆等，展示环保理念。

③ 商业建筑：利用发电特性降低运营成本。

3）通风百叶幕墙

（1）定义。

通风百叶幕墙是在幕墙系统中集成可调节百叶装置的特殊幕墙类型，能够根据需要调节通风量和采光量，提高建筑的自然通风和采光效果。

（2）主要功能。

① 自然通风：通过调节百叶开合角度控制通风量。

② 采光调节：调整室内自然光照强度。

③ 视线控制：调节室内外视线通透程度。

④ 提升舒适度：改善室内微环境，增强使用者体验。

（3）常用材料。

① 百叶片：铝合金、玻璃或复合材料。

② 驱动系统：电动或手动控制装置。

③ 智能控制器：用于自动调节百叶角度。

（4）设计考虑。

① 气候适应性：根据当地气候特点设计百叶系统。

② 耐久性：选择耐候性好的材料，确保长期使用性能。

③ 维护便利性：便于清洁和更换。

④ 智能化控制：集成建筑管理系统，实现自动化调节。

（5）应用场景。

① 办公建筑：提供灵活的光环境控制，提高工作效率。

② 教育设施：如学校、图书馆，创造舒适的学习环境。

③ 热带和亚热带地区建筑：利用自然通风降低空调能耗。

按功能与性能对幕墙进行分类，有助于设计者根据建筑的具体需求选择合适的幕墙类型。在实际应用中，不同类型的幕墙经常需要结合使用，以满足建筑的综合性能要求。例如，一栋办公建筑的幕墙可能既需要具有良好的围护性能，又要求具有独特的装饰效果，同时还可能集成光伏发电功能。因此，设计者需要根据建筑的使用功能、环境条件、节能要求等因素，综合考虑各种幕墙类型的特点，选择最适合的幕墙系统，以实现理想的建筑效果，满足相应的性能要求。

1.3.2 按封闭形式分类

幕墙系统可以根据其外部面板的封闭形式分为开放式幕墙和闭合式幕墙。这种分类方法主要关注幕墙系统如何处理雨水和气流，外部面板的封闭形式对幕墙的防水性能和通风效果有重要影响。

1. 开放式幕墙

(1) 定义。

开放式幕墙是指面板之间留有一定宽度缝隙的幕墙系统，允许外部空气进入幕墙内部空腔。

(2) 主要特点。

① 通风性：面板间的缝隙允许空气流通，形成自然通风。

② 压力平衡：内外压力的平衡有助于减少雨水渗透。

③ 排水性：设有内部排水系统，可有效排出渗入的雨水。

(3) 构造特征。

① 外部缝隙：面板之间通常留有 8～12 mm 宽的开放缝隙。

② 内部构造：在面板背后设置防水层和排水系统。

③ 压力均衡室：在面板与防水层之间形成压力均衡空腔。

(4) 优点。

① 热胀冷缩适应性好：开放缝隙可适应材料的热胀冷缩。

② 降低风压：通过压力平衡减小作用于幕墙的风压。

③ 维护方便：便于检查和清洁幕墙内部构件。

(5) 设计考虑。

① 防水设计：需要精心设计内部防水层和排水系统。

② 缝隙宽度：合理控制缝隙宽度，既要确保压力平衡，又要防止过多雨水进入。

③ 保温性能：考虑开放缝隙对保温性能的影响，必要时增加保温措施。

④ 防火设计：注意开放缝隙对防火性能的影响，采取相应的防火措施。

2. 闭合式幕墙

(1) 定义。

闭合式幕墙是指面板之间的接缝完全密封的幕墙系统,外部空气不能直接进入幕墙内部。

(2) 主要特点。

① 密封性:面板之间的接缝完全密封,形成连续的外表面。

② 防水性:依靠密封材料阻止雨水渗透。

③ 保温性:连续的外表面有利于提高整体保温性能。

(3) 构造特征。

① 密封接缝:面板之间使用密封胶或密封条进行密封。

② 单层构造:通常采用单层面板设计,简化了幕墙构造。

③ 排水设计:在幕墙底部或每层楼板处设置排水孔。

(4) 优点。

① 防水性能好:连续的密封层能有效阻止雨水渗透。

② 保温隔热效果佳:减少了热桥,提高了整体保温性能。

③ 隔音效果好:密封接缝有利于提高幕墙的隔音性能。

④ 外观整洁:无明显缝隙,立面效果更加统一。

(5) 设计考虑。

① 密封材料选择:选用耐候性好、适应变形能力强的密封材料。

② 热胀冷缩:考虑材料热胀冷缩对密封接缝的影响,设置适当的变形缝。

③ 内部冷凝:注意防止幕墙内部出现冷凝水,必要时设置通风措施。

④ 维护更新:考虑密封材料的老化问题,设计时应考虑日后的检查和更换便利性。

开放式幕墙和闭合式幕墙各有其优缺点和适用场景。在实际应用中,设计者需要根据建筑的具体要求、使用环境、气候条件等因素,选择合适的幕墙封闭形式。有时,甚至会在同一建筑的不同部位采用不同的封闭形式,以满足各种性能要求。

例如,在一栋高层办公建筑中,可能在低层采用闭合式幕墙以提供更好的隔音和保温效果,而在高层部分采用开放式幕墙以更好应对高空风压。此外,随着技术的发展,也出现了一些混合型的设计,结合了开放式幕墙和闭合式幕墙的优点,如可调节开合的智能幕墙系统。

无论选择哪种封闭形式,都需要在防水、保温、通风、维护等方面进行全面考虑,确保幕墙系统能够长期有效地发挥其功能,满足建筑使用需求。

1.3.3 按主面板材料分类

幕墙系统可以根据其主要面板材料进行分类,这种分类方法直观反映了幕墙的外观特征和基本性能。不同材料的选择会影响幕墙的美观性、耐久性、功能性以及成本等多个方面。以下是主要的幕墙类型。

1. 玻璃幕墙

(1) 定义。
玻璃幕墙是指以玻璃为主要面板材料的幕墙系统。
(2) 特点。
① 透光性好:提供良好的自然采光条件。
② 视觉通透:创造开阔的视野和空间感。
③ 多样化:可通过不同的玻璃类型实现多种功能。
(3) 类型。
① 按固定受力形式分类。
a. 框式固定玻璃幕墙。
b. 点支承式固定玻璃幕墙:包括拉索支承式玻璃幕墙、拉杆支承式玻璃幕墙、框架支承式玻璃幕墙等。
c. 夹具式固定玻璃幕墙。
d. 结构胶固定玻璃幕墙。
② 按外观与框的比例分类。
a. 明框玻璃幕墙。
b. 隐框玻璃幕墙。
c. 半隐框玻璃幕墙:如横明竖隐玻璃幕墙、竖明横隐玻璃幕墙。
d. 点支承玻璃幕墙。
e. 全玻璃幕墙:吊挂式全玻璃幕墙、坐地式玻璃幕墙。
③ 按玻璃类型分类。
a. 钢化玻璃:提高安全性和抗冲击能力。
b. 中空玻璃:提升保温隔热性能。
c. Low-E 玻璃:改善能源效率。
d. 夹层玻璃:增强安全性和隔音效果。
(4) 设计考虑。
① 热工性能:选择合适的玻璃类型和构造以满足节能要求。

② 安全性：考虑使用钢化或夹层玻璃以提高安全性。
③ 遮阳控制：结合遮阳设计，控制室内光热环境。
④ 清洁维护：考虑高层建筑的外部清洁方案。

2. 石材幕墙

（1）定义。
石材幕墙是指以石材为主要面板材料的幕墙系统。
（2）特点。
① 自然美观：展现天然材料的纹理和质感。
② 耐久性好：抗风化能力强，使用寿命长。
③ 高档感：给人以庄重、高贵的印象。
（3）石材来源。
① 天然石材：尺寸受限，花纹不稳定；具有独特的自然纹理，具有高档感。
② 人造石材：尺寸较大，花纹稳定，强度高；可定制性强，性能稳定。
（4）常用石材。
① 花岗岩：硬度高，耐磨性好。
② 大理石：纹理美观，但耐候性较差。
③ 砂岩：质地均匀，易于加工。
（5）设计考虑。
① 厚度选择：平衡重量和强度需求。
② 安装方式：采用干挂或湿贴等不同安装方法。
③ 防水处理：注意石材背面的防水设计。
④ 热胀冷缩：考虑石材的热胀冷缩，设置适当的变形缝。

3. 金属幕墙

（1）定义。
金属幕墙是指以金属板材为主要面板材料的幕墙系统。
（2）特点。
① 轻质高强：重量轻，强度高。
② 加工性好：易于形成各种造型。
③ 耐候性好：抗腐蚀能力强。

（3）常用金属材料。

① 铝板：重量轻，耐腐蚀，易加工。

② 不锈钢板：强度高，耐久性好。

③ 钛锌板：经自然氧化形成保护层，免维护。

（4）设计考虑。

① 表面处理：如阳极氧化、氟碳喷涂等，提高耐候性。

② 变形控制：考虑金属的热胀冷缩，设置适当的变形缝。

③ 防雷设计：考虑金属幕墙的接地和防雷措施。

④ 保温设计：金属导热性好，需考虑保温层设计。

4. 黏结类幕墙

（1）定义。

黏结类幕墙是指以水泥基材料为主要面板材料的幕墙系统。

（2）特点。

① 可塑性强：可制作成各种形状，形成各种纹理。

② 经济实惠：原材料成本较低。

③ 防火性能好：原材料属于不燃材料。

（3）常用材料。

① GRC（玻璃纤维增强水泥）板：强度高，重量轻。

② 纤维水泥板：耐候性好，稳定性高。

③ 清水混凝土装饰板：具有自然质朴的外观，呈现出混凝土原始的质感。

④ 透光混凝土装饰板：兼具混凝土的强度和独特的透光效果。

⑤ 各类造型 UHPC 板（超高性能混凝土板）：强度高，可实现超薄设计；耐久性极佳，抗腐蚀、抗冻融能力强；可塑性强，能够制作复杂的几何形状和纹理。

（4）设计考虑。

① 收缩控制：考虑材料的干燥收缩，合理设置缝隙。

② 防水处理：注意板材的防水设计和接缝处理。

③ 色彩稳定性：选择耐候性好的涂料或面层处理方法。

④ 安装方式：考虑板材重量，选择合适的安装方式。

5. 烧结类幕墙

（1）定义。

烧结类幕墙是指以用陶土等材料经高温烧制而成的面板为主要材料的幕墙系统。

（2）特点。

① 色彩丰富：可实现多样化的色彩效果。

② 耐久性好：抗风化能力强，色彩稳定。

③ 低维护性：表面光滑，易于清洁。

（3）常用材料。

① 陶土板：为天然材料，环保耐用。

② 瓷砖：表面光滑，色彩丰富。

（4）设计考虑。

① 安装系统：选择合适的挂件系统，确保安全可靠。

② 接缝处理：考虑防水和美观需求，合理设计接缝。

③ 断热设计：注意改善烧结材料的保温性能。

④ 抗冻性：在寒冷地区使用时，需考虑材料的抗冻性能。

6. 复合材料类幕墙

（1）定义。

复合材料类幕墙是指以由两种或更多种材料复合而成的面板为主要材料的幕墙系统。

（2）特点。

① 性能可调：可根据需求组合不同材料，优化性能。

② 重量轻：相比传统材料，复合材料通常具有更低的重量。

③ 设计灵活：可实现多样化的外观效果。

（3）常见类型。

① 金属复合板：如铝塑复合板。

② 蜂窝夹芯板：轻质高强，保温隔热性能好。

（4）设计考虑。

① 材料兼容性：确保复合材料各组分之间的兼容性。

② 耐久性：评估长期使用时复合材料的性能稳定性。

③ 防火性能：注意复合材料的防火等级和使用限制。

④ 回收利用：考虑材料的可回收性和环保性。

7. 其他类型

除上述主要类型外，还有一些特殊材料或新型材料应用在幕墙系统中，如膜材、智能材料。

(1) 常见的类型。

① 膜材幕墙：如使用 ETFE 膜、PTFE 膜等，适用于大跨度、轻质结构。

② 智能材料幕墙：如使用变色玻璃、自清洁材料等。

(2) 设计考虑。

① 创新性：评估新材料的创新特性和实际效果。

② 可靠性：考虑新材料的长期性能和耐久性。

③ 成本效益：权衡新材料的成本与带来的效益。

④ 施工难度：评估新材料的施工要求和可行性。

按主面板材料分类的方法提供了一个直观的幕墙系统分类框架。在实际应用中，设计者需要根据建筑的功能需求、环境条件、美学要求以及预算等因素，选择最合适的面板材料。通常，一个建筑项目可能会结合使用多种材料，以达到最佳的综合效果。例如，可能在建筑底层使用石材幕墙以体现庄重感，而在建筑上部使用玻璃幕墙以提供良好的采光条件和视野。

随着技术的进步和新材料的不断涌现，幕墙面板材料的选择将变得更加多样化。设计者需要持续关注行业发展，了解新材料的性能和应用潜力，以便在适当的项目中创新应用，推动建筑幕墙技术的发展。

1.3.4 按安装形式分类

按照安装形式分类，幕墙分为构件式幕墙和单元式幕墙两大类。

1. 构件式幕墙

(1) 定义。

构件式幕墙是指在建筑现场将各个构件逐一安装、组装而成的幕墙系统。

(2) 特点。

① 灵活性高：可适应各种建筑形状和尺寸。

② 投资成本低：初始投入相对较小。

③ 现场调整便利：可根据实际情况进行微调。

（3）安装流程。
① 立柱安装。
② 横梁安装。
③ 面板安装。
④ 密封处理。
（4）优势。
① 适应性强：可适应复杂的建筑外形。
② 材料选择多样：可使用多种面板材料。
③ 维修方便：单个构件易于更换。
（5）劣势。
① 施工周期长：现场组装耗时较长。
② 质量控制难度大：安装质量受现场环境和人员技能的影响。
③ 防水要求高：接缝多，需要进行精细的防水设计。
（6）适用场景。
① 小型建筑项目。
② 造型复杂的建筑。
③ 预算有限的工程。

2. 单元式幕墙

（1）定义。
单元式幕墙是指在工厂预先组装成完整单元，然后整体运输到现场安装的幕墙系统。
（2）特点。
① 工厂化程度高：质量控制更易实现。
② 安装速度快：现场作业时间短。
③ 整体性好：减少现场接缝，提高防水性能。
（3）安装流程。
① 预埋件安装。
② 单元吊装就位。
③ 单元间连接。
④ 整体调试。
（4）优势。
① 施工质量稳定：在工厂环境下精确加工。
② 工期短：大幅减少现场工作量。

③ 防水性能好：整体性强，接缝少。

（5）劣势。

① 前期投入大：需要专业的生产设备。

② 运输成本高：整体运输体积大。

③ 设计要求高：前期需要进行精确的策划。

（6）适用场景。

① 大型高层建筑。

② 追求快速施工的项目。

③ 对质量要求严格的高端工程。

（7）设计考虑。

① 模数化设计：确保单元间的精确配合。

② 连接节点设计：保证单元间的有效连接和密封。

③ 安装误差控制：考虑建筑结构的变形和公差。

（8）施工注意事项。

① 吊装设备选择：根据单元重量和安装高度选择合适的起重设备。

② 存储和运输保护：防止单元在运输和存储过程中受损。

③ 安装顺序规划：确定合理的安装顺序，提高效率。

3. 构件式幕墙和单元式幕墙选型建议

（1）项目规模：大型项目更适合选择单元式幕墙，小型项目可考虑构件式幕墙。

（2）工期要求：对工期要求严格的项目优先考虑单元式幕墙。

（3）造型复杂度：造型特别复杂的建筑可能更适合选用构件式幕墙。

（4）质量标准：对质量要求极高的项目推荐使用单元式幕墙。

（5）预算情况：初期预算有限的项目可选择构件式幕墙，长期成本控制则单元式幕墙更有优势。

02 数字化设计基础知识

2.1 数字化设计发展概要

2.1.1 基本概念

1. 数字化设计

数字化设计是指在设计过程中，利用计算机和软件工具对设计进行数字化表达和处理的过程。它通过建立虚拟模型、进行仿真分析、生成施工图纸等方式，将设计从传统的手工绘图形式转变为基于计算机的数字化形式。

2. 数字化设计技术

数字化设计技术是指将传统的设计、分析、制造等过程通过计算机技术进行数字化表达和处理的一系列技术手段。这些技术包括计算机辅助设计（CAD）、建筑信息模型（BIM）、虚拟现实（VR）、增强现实（AR）等。数字化设计技术是实现数字化设计的核心工具和手段，提供了对建模、复杂计算、仿真分析、数据管理等功能的支持。

3. 数字化设计方法

数字化设计方法是指在设计和工程过程中，基于数字化设计技术所采取的一系列工作流程和操作策略。它包含从概念设计到详细设计、施工、运营维护等各个阶段的数字化操作规范和步骤。

4. 三者之间的关系

数字化设计是应用数字化设计技术进行具体设计工作的过程。数字化设计是对设计的表达方式，而数字化设计技术则是实现这一表达的工具和手段。

数字化设计方法是在数字化设计中，指导和规范设计人员使用数字化设计技术完成设计任务的流程和策略。它为数字化设计提供了具体的实施路径，使设计过程更加高效和系统。

换句话说，数字化设计技术是手段，数字化设计是应用场景，数字化设计方法则是实施策略。三者共同作用，形成了现代幕墙设计中的数字化体系，使得设计过程更加精确、高效和协同。

2.1.2 数字化设计技术发展历程

幕墙数字化设计的发展是一个渐进的过程，反映了计算机技术在建筑设计领域的不断深化应用。这一发展历程可以大致划分为四个阶段。

1. 初期探索阶段（20世纪80年代至90年代初）

随着计算机辅助设计（CAD）技术的兴起，幕墙设计开始从传统的手绘形式向数字化形式转变。二维CAD软件的应用，如AutoCAD，使得幕墙的平面图、立面图等能够以电子形式呈现，提高了设计效率和准确性。然而，受限于计算机硬件和软件的性能，这一阶段的设计主要集中在二维平面，对幕墙的三维立体形态的表达能力有限。

2. 快速发展阶段（20世纪90年代中期至20世纪90年代末期）

三维建模软件的普及，如Rhino、3ds Max等，标志着幕墙设计进入了快速发展阶段。设计师能够创建出更加逼真的三维幕墙模型，并进行实时渲染。同时，有限元分析等数值模拟方法的引入，使得对幕墙结构性能的评估更加精确，为复杂幕墙的设计提供了可靠的依据。

3. 整合创新阶段（21世纪初期至10年代初）

建筑信息模型（BIM）技术的兴起，将幕墙设计与建筑整体的数字化信息整合在一起。BIM技术能够实现建筑全生命周期的数据共享和协同工作，为幕墙设计提供了更加全面的信息支持。参数化设计方法的应用，使得设计师能够通过参数的调整，快速生成多种设计方案，极大地提高了设计效率。此外，性能模拟软件的不断完善，使得对幕墙的热工、光学、声学等性能进行综合评估成为可能，促进了高性能幕墙的发展。

4. 智能化阶段（21世纪10年代中期至今）

人工智能、虚拟现实（VR）、增强现实（AR）等新兴技术的应用，将幕墙设计推向了智能化的发展阶段。人工智能技术能够通过机器学习，从大量历史数据中提取规律，为设计师提供智能化的设计建议。VR/AR技术则为设计师提供了沉浸式的设计体验,使得设计方案的呈现更加直观生动。数字孪生(digital twin)技术的应用,使得设计师能够创建出与真实幕墙一一对应的数字模型,实现对幕墙全生命周期的实时监测和管理。

数字化设计技术的发展深刻地改变了幕墙设计的面貌。从二维绘图到智能化设计,幕墙设计正朝着更加高效、精确、智能的方向发展。然而值得注意的是,数字化设计工具应该被视为增强设计师创造力和解决问题能力的手段,而不是替代设计师的角色。数字化设计技术未来的发展趋势可能会更加注重人机协作,将设计师的创意思维与计算机的强大计算能力相结合,推动幕墙设计向更高水平发展。

2.1.3 数字化设计技术在幕墙设计中的优势

1. 提高设计效率与精确度

数字化设计通过使用先进的计算机辅助设计(CAD)软件,使得设计师能够快速创建和修改设计方案。这种设计方式减少了手工绘图的时间消耗,提高了工作效率。同时,数字化模型的精确度远高于传统手绘模型,可以精确到毫米级别,这对于幕墙工程这种对精度要求极高的项目至关重要。设计师可以在虚拟环境中进行多角度、多尺度的观察和分析,确保设计方案的可行性。

2. 促进多学科协作

幕墙工程涉及多个专业领域,如结构工程、材料科学、建筑物理等。数字化设计平台提供了一个共同的工作空间,使得不同专业的工程师和设计师能够在同一模型上协同工作。这种协作方式不仅提高了沟通效率,还有助于解决跨学科问题,确保设计方案的综合性和协调性。

3. 增强可视化与沟通

数字化设计使得幕墙工程的可视化成为可能。通过三维模型和渲染技术,设计师可以创建逼真的效果图,让客户、承包商和建筑师更直观地理解设计方案。这种直观的沟通方式有助于减少误解,提高决策效率,同时也为市场营销提供了强有力的工具。

4. 优化材料使用与成本控制

数字化设计工具可以帮助设计师在设计阶段就进行材料优化。通过模拟和分析，设计师可以预测材料的性能，选择最合适的材料组合，从而减少浪费，降低成本。此外，数字化设计还可以辅助进行成本估算，为预算编制提供准确的数据支持。

5. 提升施工精度与安全性

在施工阶段，数字化设计可以生成精确的施工图纸和加工图纸，指导现场施工。这不仅提高了施工精度，还减少了人为错误导致的返工和延误。同时，数字化设计还可以辅助进行结构分析，确保幕墙系统的安全性，降低施工风险。

6. 实现环境影响评估与建筑的可持续发展

数字化设计工具可以模拟幕墙工程对环境的影响，如光照、热能传递等。这有助于设计师在设计阶段就考虑环保因素，实现建筑的绿色可持续发展。通过优化设计，可以减少能源消耗，提高建筑的能效，符合当前建筑行业的环保趋势。

7. 为后期维护与管理提供支持

数字化设计不仅在设计和施工阶段发挥作用，还可以为建筑的后期维护和管理提供支持。通过建立数字档案，可以方便地追踪建筑的使用情况，进行定期检查和维护。

可见，数字化设计在幕墙工程中的应用带来了诸多优势。随着技术的不断进步，数字化设计将继续在幕墙工程领域发挥重要作用，推动建筑行业的创新和发展。

2.1.4 幕墙行业数字化设计技术应用现状与转型方向

1. 幕墙行业数字化设计技术应用现状

幕墙行业正处于数字化转型的关键时期。目前，行业内已广泛应用各种数字化设计技术，如建筑信息模型（BIM）、参数化设计和计算机辅助制造（CAM）等。这些技术在设计、生产和施工等环节发挥重要作用。

然而，数字化设计技术在幕墙行业的应用程度仍然参差不齐。大型企业走在数字化转型前列，而中小企业相对滞后。数字化设计技术在不同环节的应用情况如下。

（1）设计环节：三维建模和 BIM 技术应用较为普遍。

（2）生产环节：数控加工设备的使用逐渐增多。

（3）施工环节：数字化设计工具主要用于项目管理和质量控制。

近年来，BIM 技术的快速发展推动了幕墙行业数字化设计的进程。越来越多的幕墙设计企业开始采用 BIM 技术进行设计、深化、分析和模拟等工作。然而，BIM 技术在幕墙设计中的应用仍处于起步阶段，应用范围和深度还有待拓展。

2. 数字化设计技术在幕墙行业中的主要应用领域

（1）建筑信息模型（BIM）技术：BIM 技术实现了三维可视化设计和信息集成，在幕墙设计、制造和安装过程中发挥重要作用。它能够实现多专业协同设计，提高设计效率和准确性，为后续生产和施工提供精确的数据支持。

（2）参数化设计技术：参数化设计技术使幕墙设计更加灵活高效。设计师可以通过调整参数快速生成和修改复杂的幕墙形态，更好地满足建筑的美学和功能需求。

（3）性能模拟技术：数字化设计工具被用于进行热工、声学、光学等性能模拟，优化幕墙设计方案。

（4）数字化制造技术：通过数字化设计直接链接制造过程，可提高生产效率和精度。数控加工设备和机器人技术在幕墙构件生产中的应用日益广泛，提高了生产效率和产品质量，同时减少了人为错误。

（5）虚拟现实（VR）和增强现实（AR）技术：这些技术在幕墙设计展示和施工指导中的应用前景广阔，可以提供更直观的视觉体验和更精确的施工指导。

3. 幕墙行业数字化转型面临的问题与挑战

（1）数据断层和协同不足：设计、生产与施工阶段数据未能有效流通，导致方案迭代过程中需做大量低价值、高重复性工作，浪费时间和资源。

（2）生产效率低下：材料生产商仍依靠人力找模，综合效率低，无法实现对模具与设计方案的充分复用，造成模具制造成本高、种类多。

（3）信息损失：幕墙构件加工过程中信息损失严重，从二维设计图纸到三维加工模型转换存在误差，导致加工质量不稳定，增加施工安装难度。

（4）设计工具局限：幕墙设计缺乏可视化、参数化、智能化等数字化手段，难以应对复杂的形态、结构、功能等需求，影响设计品质和效率。

（5）标准化不足：缺乏统一的幕墙 BIM 标准和规范，导致不同软件平台之间兼容性差，数据共享困难。

（6）人才短缺：数字化转型需要既懂幕墙专业知识又精通数字化设计技术的复合型人才，而这类人才目前相对稀缺。

（7）成本问题：引入先进的数字化设计技术需要大量初始投资，对许多中小企业构成挑战。

（8）数据安全问题：随着数字化程度的提高，如何保护敏感的设计数据和客户信息成为一个重要问题。

4. 幕墙行业数字化转型的未来方向

（1）全流程数字化集成：实现从设计、生产到施工和维护的全流程数字化集成，提高整个产业链的效率和协同能力。

（2）人工智能应用：AI 技术将在幕墙设计优化、生产规划和质量控制等方面发挥越来越重要的作用，实现更智能的幕墙设计优化和方案生成。

（3）物联网技术应用：通过在幕墙系统中嵌入各种传感器，结合物联网技术，实现幕墙的实时监测和智能维护。

（4）绿色节能与数字化相结合：利用数字化设计技术实现更高水平的节能环保，如通过精确模拟和智能控制优化幕墙的热工性能。

（5）云计算和数字孪生：利用云计算技术提高数据处理能力和协同工作效率，建立幕墙的数字孪生模型，用于全生命周期管理和优化。

（6）模块化与标准化：推动幕墙设计的模块化和标准化，提高设计和生产效率。

通过以上措施，幕墙行业可以更好地把握数字化转型机遇，提升整体竞争力，推动行业向更高水平发展。数字化转型将显著提升幕墙行业的生产效率和产品质量，降低成本，优化资源配置，同时增强行业的个性化定制能力，满足日益多样化的市场需求。

2.2 建筑信息模型（BIM）概述

2.2.1 基本概念

建筑信息模型（building information modeling，简称 BIM）是一种基于数字技术的建筑设计和管理方法。BIM 通过创建和维护建筑物的三维数字模型，整合了建筑的几何信息、物理特性和功能数据，支持建筑项目从规划、设计、施工到运营的全生命周期管理。BIM 不仅仅是一个三维模型，而是一个包含丰富信息的知识资源，能够为项目各参与方提供实时、准确的数据支持。

以下是 BIM 定义中关键组件的细分。

1. 建筑信息模型——产品（model）

BIM 模型是建筑物或基础设施项目的数字表示。它不仅仅是一个 3D 模型，而是一个全面的信息模型，包括几何数据、空间关系和建筑物每个组件的广泛属性。此模型用作共享知识资源，用于获取有关项目设计、施工和运营的信息。

2. 建筑信息模型——过程（modeling）

创建 BIM 模型的过程涉及使用专门的软件工具来实现项目的详细和准确的表示。这包括定义建筑物的几何形状、材料、系统和其他方面。建模可以在各种细节级别（LOD 开发级别）上完成，具体取决于项目的阶段和利益相关者的需求。该过程还涉及设置关系和规则，使模型能够动态响应更改，确保在进行更改时更新所有相关元素。

3. 建筑信息管理——数据定义（management）

BIM 管理是指用于在整个项目生命周期中监督 BIM 模型的创建、维护、分发和使用的策略、流程和工具。这包括数据管理，确保模型保持准确和最新，并促进所有项目参与者之间的协作。BIM 管理还涉及使用标准化的数据格式，如 IFC（工业基础类），以实现不同软件平台之间的数据交换。它旨在通过实现更好的决策、加强协调、减少浪费和提高效率来改善项目成果。

总之，BIM 是一种协作和集成的项目管理和交付方法，它利用数字技术的力量，为建筑或基础设施项目的整个生命周期创建单一、可靠的信息源。

2.2.2 本质与核心

BIM 的本质在于信息的集成和共享。它通过数字化手段将建筑项目的各类信息进行系统化管理，形成一个可共享的、动态更新的建筑信息数据库。BIM 不仅关注建筑形态的表达，更强调信息在设计、施工和运营过程中的流动与利用。这种信息的集成化使得各专业之间的协作更加高效，减少了信息孤岛现象，提升了项目管理的整体效率。

BIM 的核心在于建筑信息模型的构建和管理。这个模型不仅包含建筑的几何形状，还包括材料属性、构件性能、施工工艺等多维度信息。通过对这些信息的管理，BIM 能够支持多种分析和模拟，如成本估算、施工进度计划、能效分析等，从而为决策提供科学依据。此外，BIM 还支持实时更新和版本控制，确保各参与方始终使用最新的数据。

2.2.3 与 CAD 的差异

BIM 与传统的计算机辅助设计（CAD）存在显著差异。CAD 是主要用于绘制平面图和三维模型的工具，侧重于图形的表达；而 BIM 则强调信息的集成与管理。具体来说，二者在以下方面存在不同。

(1) 数据处理：CAD 生成的是静态的图形文件；而 BIM 生成的则是一个动态的、信息丰富的模型，能够实时更新。

(2) 协作方式：CAD 文件通常在各专业之间传递，容易造成信息丢失和误解；而 BIM 则通过共享模型促进各专业间的协作，减少错误和重工。

(3) 生命周期管理：CAD 主要用于设计阶段；而 BIM 涵盖了建筑的整个生命周期，包括设计、施工、运营和维护。

2.2.4 特点、优势与趋势

1. 特点

BIM 具有以下几个显著特点。

（1）三维可视化：提供直观的三维模型，帮助各方更好地理解设计意图。

（2）信息集成：将建筑的几何形状、材料、结构等信息整合在一个模型中，支持多维度分析。

（3）协同工作：支持各专业之间的实时协作，减少了信息孤岛现象。

（4）动态更新：模型能够实时更新，确保所有参与方使用最新的信息。

2. 优势

BIM 在建筑设计与施工中具有诸多优势，具体如下。

（1）提高效率：通过信息的集成与共享，减少了设计和施工过程中的错误，提升了工作效率。

（2）降低成本：优化设计方案和施工流程，减少了资源浪费，降低了返工成本。

（3）增强可持续性：通过能效分析和材料优化，支持可持续建筑设计。

（4）改善沟通：可视化模型促进了项目各方之间的沟通，减少了误解和冲突。

3. 趋势

随着建筑行业的不断发展，BIM 的应用趋势也在不断演变。

（1）智能化：结合人工智能和大数据分析，BIM 将实现更高层次的自动化和智能决策支持。

（2）云技术：云计算的普及使得 BIM 模型能够在不同地点、不同设备上进行访问和协作，提升了灵活性。

（3）集成化：未来的 BIM 将与其他技术（如物联网、虚拟现实等）深度集成，形成更为全面的建筑管理解决方案。

（4）标准化：随着 BIM 在全球范围内的推广，行业标准和规范的建立将进一步促进 BIM 的普及和应用。

通过以上概述可以看出，建筑信息模型（BIM）在现代建筑设计与管理中扮演着越来越重要的角色，它不仅提高了设计效率和施工质量，也推动了建筑行业的数字化转型。

2.3 计算性设计概述

计算性设计是一种创新的设计方法,是参数化设计、算法化设计、生成式设计和人工智能(AI)设计的统称。在幕墙设计中,计算性设计正成为主流趋势,它强调使用计算机编程和算法来生成、分析和优化建筑设计,以满足各种需求,包括功能性、美学、可持续性和经济性需求。计算性设计的特点在于它具有高度的灵活性和强大的自动化能力,允许设计师在设计阶段就预见到建筑的形态和性能表现,从而在实际建造之前进行精确的调整。

2.3.1 参数化设计方法

1. 概念

参数化设计方法是一种基于参数和规则的设计方法,通过定义一组参数来控制设计模型的各个方面。这些参数可以是尺寸、角度、位置等具体值,设计师通过调整这些参数来实时更新和优化设计。

2. 特点与优势

(1)动态调整:参数化设计允许设计师在不重新绘制整个模型的情况下,通过修改参数来实时调整设计。这种动态调整能力使得设计过程更加灵活和高效。

(2)复杂几何形状:参数化设计特别适用于复杂几何形状的建模,如自由形式的建筑外立面。通过定义几何关系和依赖性,设计师可以轻松创建和修改复杂的形状。

(3)自动化:参数化设计可以自动执行重复性任务,例如更新多个相似构件的尺寸或位置,从而提高生产力并减少人为错误。

3. 应用实例

在建筑幕墙设计中,参数化设计可以用于创建具有复杂几何形状的幕墙系统。例如,通过定义幕墙单元之间的关系和依赖性,设计师可以快速生成不同方案,并根据项目需求进行优化。

2.3.2 算法化设计方法

1. 概念

算法化设计方法是一种以算法为导向的设计方法,通过编写一组解决特定问题的指令来生成建筑模型。与参数化设计不同,算法化设计更注重规则和逻辑,而不是具体的参数值。

2. 特点与优势

(1) 规则驱动:算法化设计使用一组预定义的规则来生成模型,这些规则可以是几何关系、结构逻辑或功能要求。通过改变规则,设计师可以生成不同的设计方案。

(2) 高效优化:算法化设计能够快速生成多个备选方案,并通过预设的评估标准进行筛选和优化。这种方法特别适用于需要大量迭代和优化的项目。

(3) 创新性:由于算法化设计依赖于规则和逻辑,因此它能够生成采用传统方法难以生成的创新性解决方案。

3. 应用实例

在幕墙系统中,算法化设计可以用于优化材料使用和结构性能。例如,通过编写算法来分析不同材料组合和结构形式,设计师可以找到最优解,从而提高幕墙系统的性能和成本效益。

2.3.3 生成式设计方法

1. 概念

生成式设计方法,也称为创成式设计方法、衍生设计方法,是一种迭代性的设计方法,通过用户定义的一组输入条件生成多个满足特定目标的设计概念。生成式设计结合了人工智能(AI)和云计算技术,能够在短时间内生成大量备选方案,并根据预设标准进行评估。

2. 特点与优势

(1) 多样性：生成式设计能够生成数百甚至数千种不同的方案，这些方案中可能包含一些意想不到的创新性解决方案。

(2) 自动评估：通过预设成功指标（如成本、性能、可持续性等），生成式设计能够自动评估并排序生成的方案，从而帮助设计师快速找到最优解。

(3) 人机协作：生成式设计结合了人工智能（AI）和人类直觉，AI 负责生成和初步筛选方案，而最终决策由人类完成。这种人机协作模式提高了决策效率和准确性。

3. 应用实例

在幕墙系统中，生成式设计可以用于优化外观、性能和成本。例如，通过输入建筑位置、气候条件、材料特性等参数，AI 可以生成多个幕墙方案，并根据预设标准进行评估，最终选择最优方案进行实施。

以上三种计算性设计方法各有其独特优势，在幕墙数字化设计与应用中发挥着重要作用。通过结合这些方法，设计师能够更高效地应对复杂项目需求，提出创新性解决方案。

2.3.4 三种方法的异同

参数化设计是一种通过参数控制设计模型的交互式设计过程，强调规则和参数控制，适用于复杂几何形状的建模。算法化设计利用算法来生成和优化设计，通过算法优化特定目标，减少人为错误。生成式设计通过用户定义的输入生成多个设计概念，结合人工智能产生多种选项并进行优化，提高生产力。三者在设计方法和技术上有所不同，但都旨在提高设计效率和创新性。这些方法各有优缺点，根据具体需求选择合适的方法可以显著提高设计效率和质量。

三种计算性设计方法对比简表如表 2.1 所示。

表 2.1 三种计算性设计方法对比简表

方法	参数化设计	算法化设计	生成式设计
本质	使用一组规则和输入参数来控制设计模型，修改参数时自动更新所有关联的设计元素	使用算法（一组特定问题解决方案的指令）来生成架构模型，通常产生一个或几个期望的结果	使用用户定义的输入生成满足特定目标的多个设计概念，结合人工智能和云计算产生多种设计方案

续表

方法	参数化设计	算法化设计	生成式设计
主要工具	基于 Rhino 的 Grasshopper，基于 Revit 的 Dynamo	基于 Rhino 的 Grasshopper，自定义算法工具	结构生成设计工具 Ameba，性能生成设计工具 cove.tool 等
应用场景	利用参数化模型，通过调整参数值来生成设计方案	烦琐工作自动化执行，依据预定义的设计算法自动生成设计方案	利用计算机程序自动生成大量设计方案，并通过评估和筛选找到最优解
优点	易于修改和实时调整，提高生产力和创造力，适用复杂几何形状的建模	通过算法优化特定目标，减少人为错误，提高效率和准确性	产生大量设计方案，结合人工智能进行优化，提高生产力和创造力，减少风险和成本
缺点	需要精确定义参数和规则，初始学习曲线较陡峭	依赖于算法的准确性和有效性，需要具有高级编程技能	需要大量计算资源，初始设置复杂，最终决策需要由人类完成

03

幕墙模型与数据标准

3.1 模型类型

3.1.1 常见类型

根据不同的应用需求和场景，幕墙模型可以分为以下几种类型。

1. 3D 模型

3D 模型是幕墙数字化表现的基础形式，主要用于直观展示幕墙的几何形状和空间关系。3D 模型通常使用 CAD 类软件创建，可以直观地展示幕墙的外观和结构。

2. BIM 模型

BIM 模型不仅包含几何信息，还集成了材料属性、性能参数、成本信息等非几何数据，是一个信息丰富的数字化模型。

3. 仿真分析模型

仿真分析模型是针对特定性能分析需求而建立的专用模型，通常需要在 3D 或 BIM 模型的基础上进行简化或特殊处理。仿真分析模型适用于分析幕墙的性能，如结构强度、热工性能、声学性能等。

4. 轻量化模型

轻量化模型是在保留 3D 或 BIM 模型必要信息的基础上，对原始模型进行简化和压缩处理后得到的模型，主要用于快速浏览和移动设备应用。它保留了基本的几何信息和关键属性，但大大减小了文件大小。

3.1.2 区别与联系

虽然 3D 模型、BIM 模型、仿真分析模型和轻量化模型各有特点和应用场景，但它们之间存在密切的关联和相互转化的可能。理解这些模型之间的异同和关系，有助于在幕墙数字化设计过程中更好地选择和利用这些模型。

1. 异同点

（1）数据丰富度。

① 3D 模型主要包含几何信息，数据相对简单。

② BIM 模型除几何信息外，还包含大量非几何信息，数据最为丰富。

③ 仿真分析模型针对特定性能分析需求包含相关参数，数据有一定的针对性。

④ 轻量化模型通常保留关键信息，数据量最小。

（2）精度和细节程度。

① 3D 模型和 BIM 模型通常保留较高的几何精度和较多的几何细节。

② 仿真分析模型可能会根据分析需求简化某些几何细节。

③ 轻量化模型往往会降低几何精度，简化几何细节，以减小文件大小。

（3）文件大小和处理速度。

① BIM 模型由于包含大量信息，文件通常最大，处理速度较慢。

② 3D 模型的文件大小较 BIM 模型小，处理速度较 BIM 模型快。

③ 仿真分析模型的文件大小和处理速度视具体情况而定。

④ 轻量化模型文件最小，处理速度最快。

（4）应用范围。

① BIM 模型应用范围最广，覆盖全生命周期。

② 3D 模型主要用于可视化和基本空间分析。

③ 仿真分析模型专注于特定性能分析。

④ 轻量化模型主要用于快速浏览和移动设备应用。

2. 相互关系

（1）从 3D 模型到 BIM 模型。

3D 模型可以通过添加非几何信息（如材料属性、成本信息等）转化为 BIM 模型。这个过程通常称为模型丰富化。

（2）从 BIM 模型到仿真分析模型。

BIM 模型可以通过提取相关几何和参数信息，并进行必要的简化或特殊处理，转换为适用于特定性能分析的仿真分析模型。

(3) 生成轻量化模型。

轻量化模型可以由 3D 模型、BIM 模型或仿真分析模型通过简化和压缩处理得到。这个过程通常包括几何简化、减少数据量、优化文件格式等步骤。

(4) 模型更新和同步。

在实际项目中，这些模型往往需要保持一定程度的同步。例如，当 BIM 模型更新时，可能需要相应地更新 3D 模型、仿真分析模型和轻量化模型。

3.1.3 模型选择和转换策略

在幕墙数字化设计过程中，应根据项目需求和阶段特点，灵活选择和转换不同类型的模型。

(1) 概念设计阶段：从简单的 3D 模型开始，快速表达设计意图。
(2) 深化设计阶段：过渡到 BIM 模型，整合更多信息，支持多专业协同。
(3) 性能分析阶段：从 BIM 模型提取必要信息构建仿真分析模型。
(4) 施工和运维阶段：生成轻量化模型，便于现场使用和快速访问信息。

不同类型的模型之间可以进行转换，以满足不同阶段和用途的需求。例如，可将详细的 BIM 模型转换为轻量化模型用于现场查看，或将 3D 模型转换为仿真分析模型进行特定性能分析，也可以将 3D 模型转换为 BIM 模型以扩大模型的应用范围。

转换注意事项：确保几何精度，保留必要的属性信息，保证模型兼容性。

3.2 模型标准

为了确保模型的一致性和可用性，需要制定和遵循相应的模型标准。这些标准涉及模型的结构、命名、编码以及精细度等方面。

3.2.1 模型结构

模型结构是指按照建设工程属性对完整的模型进行结构化分解而形成的模型单元体系框架。模型单元是指模型中承载建筑信息的实体及其相关属性的集合，是工程对象的数字化表达。最小模型单元是指根据建设工程的应用需求而分解和交付的最小拆分等级的模型单元。

模型结构标准规定了幕墙模型的组织方式和层次关系。一个典型的幕墙模型结构层级可能包括项目级、功能级、构件级、零件级四个层级，每一层都应包含相应的几何信息和属性信息，如图 3.1 所示。

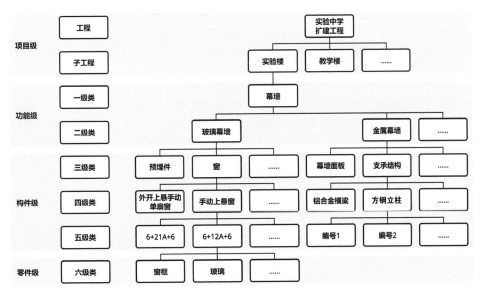

图 3.1　模型结构层级关系示例

1. 项目级模型单元

项目级模型单元包含工程、子工程，可根据工程复杂程度进行合并或拆分。

2. 功能级模型单元

功能级模型单元包含一级类、二级类。一级类代表专业，即幕墙工程；二级类代表幕墙工程中的子模型或子系统，例如玻璃幕墙、金属幕墙、石材幕墙等。

3. 构件级模型单元

构件级模型单元简称模型构件或构件，包含三级类、四级类、五级类。

三级类代表二级类中的子模型，指具体的模型构件，例如"金属幕墙"中的"支承结构""幕墙面板"等。

四级类代表三级类中的子模型，可按材质、形状、特性等分解，例如"支承结构"中的"方钢立柱"、"窗"中的"手动上悬窗"等。

五级类代表四级类中的子模型，指具体的规则，可按材质、尺寸、规格、型号等分解，例如"手动上悬窗"中的"6+21A+6"类型窗。

一级类至五级类具体内容要求可参见《湖北省幕墙工程 BIM 应用指南》（T/HBKCSJ 5.4—2023）附录 A 的要求。

4. 零件级模型单元

零件级模型单元包含六级类及以下层级，代表五级类中的子模型，从属于构件的组成零件，例如"6+21A+6"中的"窗框"。

3.2.2 模型命名与编码

1. 模型单元命名

格式：【工程编号】_【子项工程编号】_【阶段代码】_【专业代码】_【内容描述】_【版本号】。

注：根据模型单元层级，部分字段可省略。

举例：CW _ 01 _ A _ 001，其中 CW——幕墙系统；01——幕墙类型；A——区域；001——构件编号。

注：实际项目中，模型命名和格式应符合各地或企业规范要求。

2. 模型构件命名

格式：【四级类】_【五级类】。

模型构件的名称应包含材质、规格等信息。

3. 模型编码

（1）编码组成。

编码是对模型构件进行标识和分类的重要手段。它包含以下两个主要部分。

① 类型码：功能级码段 + 构件级码段，代表不同模型构件的类型。

② 实例码：构件实例码段，代表某类型构件在模型中多处派生的构件实例。

注：实例码可根据构件生成顺序或空间位置等进行赋值。

格式：功能级码段 _ 构件级码段 _ 构件实例码段。

(2)编码要求。

① 唯一性：编码与对象一一对应。

② 稳定性：不受外界因素影响。

③ 合理性：与行业标准协调。

④ 可扩充性：预留适当容量。

⑤ 简单性：结构简短清晰，提升处理效率。

(3)编码示例。

编码示例如表 3.1 所示。

表 3.1　模型单元编码示例

代码组别	功能级码段		构件级码段			构件实例码段
代码类别	一级类	二级类	三级类	四级类	五级类	构件实例
代码位数	×	××	××	××××	××××	××××××
编码规则	专业代码	专业代码	2位阿拉伯数字	4位阿拉伯数字	4位阿拉伯数字	6位阿拉伯数字
代码范围	CW	01～99	01～99	0001～9999	0001～9999	000001～999999
编码示例	CW.01_01.0001.0001_000001					
示例说明	按顺序，CW——幕墙；01——玻璃幕墙；01——支承结构；0001——方钢立柱；0001——编号1；000001——实例1					

3.2.3　模型精细度

1. 定义

模型精细度是衡量模型中所容纳的模型单元丰富程度的指标。它由几何表达精度和属性数据深度共同确定。

2. 基本等级划分

模型精细度的基本等级划分如表 3.2 所示。

表 3.2　模型精细度的基本等级

等级	英文名	代号	包含的最小模型单元
1.0级	level of model definition 1.0	LOD1.0	项目级模型单元

续表

等级	英文名	代号	包含的最小模型单元
2.0级	level of model definition 2.0	LOD2.0	功能级模型单元
3.0级	level of model definition 3.0	LOD3.0	构件级模型单元
4.0级	level of model definition 4.0	LOD4.0	零件级模型单元

注：根据工程项目的具体应用需求，可在基本等级之间扩充模型精细度等级。

3. 各阶段模型精细度要求

模型的精度和详细程度应随项目阶段的推进而提高。各阶段交付的模型单元模型精细度要求如下。

(1) 方案设计阶段：不宜低于LOD1.0。

(2) 初步设计阶段：不宜低于LOD2.0。

(3) 施工图设计阶段：不宜低于LOD3.0。

(4) 施工准备阶段：不宜低于LOD3.0。

(5) 施工安装阶段：深化设计阶段不宜低于LOD3.0，具有加工要求的模型单元不宜低于LOD4.0。

(6) 竣工移交阶段：不宜低于LOD3.0。

3.3 数据标准

数据标准是确保幕墙模型可靠性和互操作性的关键，它规定了数据的组成、格式和质量要求。本节将介绍幕墙模型的数据标准，包括几何数据、属性数据和关系数据的要求，以及数据互用的原则。

3.3.1 几何数据

1. 定义和内容

几何数据是用于记录和表达模型单元的位置、形态、大小等方面，并与实体几何形态联动的数据。例如，幕墙窗的高度、幕墙立柱的宽度和高度等都属于几何数据。

2. 几何表达精度

几何表达精度是模型单元在视觉呈现时，几何表达真实性和精确性的衡量指标。几何表达精度分为不同等级，应根据项目需求选择合适的精度等级。通常，随着项目阶段的推进，所需的几何精度会逐步提高。

模型单元几何表达精度等级划分如表 3.3 所示。

表 3.3 模型单元几何表达精度等级划分

等级	代号	模型要求
1 级	G1	满足二维化或符号化识别需求
2 级	G2	满足空间占位、界面轮廓简化表达需求
3 级	G3	满足建造安装流程、采购等精细识别需求
4 级	G4	满足高精度渲染展示、产品管理、制造加工准备等高精度识别需求

3. 几何数据质量要求

高质量的几何数据应满足以下要求。

（1）精度：数据应准确反映实际尺寸和形状。
（2）完整性：模型应包含所有必要的几何信息。
（3）一致性：不同视图和图纸中的几何信息应保持一致。
（4）拓扑正确性：构件之间的空间关系应正确表达。

3.3.2 属性数据

1. 定义和内容

属性数据是用于描述幕墙构件的非几何特征的数据。它包括名称、类型、规格、材质、颜色、性能参数、系统、编号、数量、等级等信息。例如，方钢立柱的材质、刚度、厚度、耐火极限等都属于属性数据。

2. 属性数据分类

属性数据可分为定性和定量两种：定性数据，如材质、颜色等；定量数据，如尺寸、重量、价格等。

属性数据一般包括信息名称、信息内容和信息单位三个部分。按类别和产生阶段，属性数据一般包括身份信息、定位信息、系统信息、技术信息、生产信息、销售信息、造价信息、施工信息和运维信息等子类信息。

构件属性信息细分表如表 3.4 所示。

表 3.4 构件属性信息细分表

序号	子类名称	细分内容
1	身份信息	名称、编号、编码等
2	定位信息	建筑单体名称、所在楼层、空间名称、基点坐标、占位尺寸等
3	系统信息	一级系统分类、二级系统分类、三级系统分类、父/子节点编号等
4	技术信息	外形尺寸、型号规格、材质、色标、质量（kg）、安装方式等
5	生产信息	生产厂家名称、产品执行标准、生产认定体系、出厂日期、出厂价格等
6	销售信息	销售厂家名称、供货日期、销售价格等
7	造价信息	造价单位名称、工程量、清单单价、造价总额等
8	施工信息	施工单位名称、施工开始时间、施工完成时间、竣工验收时间等
9	运维信息	维保单位名称、设计使用年限、投用时间、保修年限、维保周期等

3. 属性数据深度

属性数据深度是模型单元承载属性数据详细程度的衡量指标。属性数据深度应根据 BIM 应用目标而定。随着项目的推进，可能需要增加更多详细的属性信息，如造价、施工和运维等相关数据。

模型单元属性数据深度等级划分如表 3.5 所示。

表 3.5 模型单元属性数据深度等级划分

等级	代号	等级要求
1 级	N1	包含模型单元的身份描述、项目信息、组织角色等数据
2 级	N2	包含 N1 级数据，增加实体系统关系、组成及材质、性能或属性等数据

续表

等级	代号	等级要求
3级	N3	包含N2级数据，增加生产数据、安装数据，例如采购、加工、安装、施工临时设施、施工机械、进度、造价、质量安全、绿色环保等信息
4级	N4	包含N3级数据，增加资产数据和运营维护数据。模型应包含竣工验收资料。针对运营维护数据，宜满足维修管理、安全管理等要求

4. 属性数据质量要求

高质量的属性数据应满足以下要求。
(1) 完整性：包含所有必要的属性信息。
(2) 准确性：数据应准确反映实际情况。
(3) 标准化：使用统一的命名规则和单位系统。
(4) 可扩展性：能够根据需求添加新的属性。

3.3.3 关系数据

1. 定义和内容

关系数据是用于记录和表达模型单元的功能及其关系和模型单元之间逻辑关系的数据。它描述了专业内或专业间模型单元之间的功能关系，亦可用于表达专业之间的协同关系、模型单元之间的逻辑关系，例如面板与主要支承结构的连接关系、立柱与横梁的连接关系。

2. 关系数据的应用

关系数据在以下方面发挥重要作用。
(1) 支持模型的整体性分析。
(2) 辅助冲突检测。
(3) 支持施工模拟和进度管理。
(4) 便于维护管理和更新。

3. 关系数据质量要求

高质量的关系数据应满足以下要求。
(1) 明确性：关系定义应清晰无歧义。
(2) 一致性：关系数据应与几何数据和属性数据保持一致。
(3) 可追溯性：能够追踪关系的来源和变更历史。

3.3.4 数据互用

1. 数据互用的重要性

在幕墙工程的全生命周期中，不同阶段、不同专业之间需要频繁地交换和共享数据。有效的数据互用具有以下作用。
(1) 提高协作效率。
(2) 减少信息丢失和错误。
(3) 支持跨阶段和跨专业的信息集成。

2. 数据互用原则

为实现有效的数据互用，应遵循以下原则。
(1) 采用统一的数据架构和平台。
(2) 使用开放标准格式（如 IFC）。
(3) 遵循定义清晰的数据交换协议。
(4) 建立数据映射机制。
(5) 进行数据质量检查和验证。

3. 数据互用方法

(1) 协同平台整合：使用支持多种格式的协同平台。
(2) 数模分离：采用数据和模型分离的方式，保证数据完整性和易用性。
(3) 数据转换：使用专业工具进行不同格式数据间的转换。

04

幕墙数字化设计工具

幕墙数字化设计工具是幕墙数字化设计的基础。这些工具不仅提高了设计效率，还增强了设计的精确度和可视化效果。

4.1 设计与表达软件

4.1.1 主流平台

设计与表达软件是幕墙设计的核心工具，它们为设计师提供了强大的功能，方便设计师创建、编辑和展示幕墙设计。主流的设计平台软件有AutoCAD、Revit、Rhino和CATIA等，不同类型的软件在功能、特点和适用范围上各有侧重，如表4.1所示。

表4.1 幕墙设计主流软件平台

软件类型	代表软件	主要特点	优势	劣势	适用场景
CAD软件	① Auto-CAD；② MicroStation；③ 中望CAD；④ 浩辰CAD	① 2D/3D绘图；② 精确绘制；③ 广泛使用	① 精确的2D绘图能力；② 广泛的行业支持和丰富的资源库；③ 操作简单；④ 兼容性好	① 参数化能力弱；② 协同效率低；③ 3D建模能力相对有限；④ 信息管理能力较弱	① 传统设计；② 详细图纸绘制
参数化3D设计软件	① Rhino+Grasshopper；② Dynamo	① 卓越的自由形体建模能力；② 灵活的脚本和插件系统；③ 适用于概念设计和方案设计阶段	① 灵活性高；② 快速生成方案；③ 优化能力强	① BIM功能相对较弱；② 需要额外的插件来增强幕墙设计功能；③ 可能需要与其他软件配合使用以完成完整的设计流程	① 复杂形态设计；② 方案设计；③ 施工图前期；④ 其余阶段部分参与

续表

软件类型	代表软件	主要特点	优势	劣势	适用场景
BIM软件	① Revit； ② ArchiCAD； ③ Tekla	① 信息模型； ② 协同设计； ③ 全生命周期管理	① 强大的参数化设计能力； ② 集成BIM功能，支持信息管理； ③ 优秀的协作和数据共享能力	① 初始建模慢； ② 硬件要求高； ③ 学习曲线较陡； ④ 对于非标准形状的处理相对复杂	① 方案设计； ② 施工图前期； ③ 其余阶段部分参与； ④ 大型项目； ⑤ 全过程管理
制造业软件	① CATIA； ② Inventor	① 精确建模； ② 仿真分析； ③ 制造集成	① 强大的3D建模和装配能力； ② 优秀的工程分析功能； ③ 支持复杂的参数化设计	① 主要面向制造业，需要定制以适应建筑设计需求； ② 学习曲线较陡； ③ 软件成本较高	① 方案设计； ② 施工图设计； ③ 深化设计； ④ 加工制造； ⑤ 施工安装； ⑥ 复杂构件设计； ⑦ 满足制造集成需求

4.1.2 KettyBIM：基于Rhino平台的幕墙设计软件

KettyBIM是一款基于Rhino和Grasshopper平台开发的专门用于幕墙设计的软件工具。KettyBIM模块化的设计为用户提供了丰富的功能模块，旨在简化和优化幕墙设计流程，增强了Rhino在幕墙BIM方面的薄弱环节。

1. 主要模块

1）幕墙材料 BIM 信息管理模块

幕墙材料 BIM 信息管理模块（见图 4.1）致力于精细化管理幕墙材料的各项属性，包括但不限于铝型材（见图 4.2）、钢材、玻璃、铝板及石材等。它详细记录了每种材料的材质、合金状态、表面处理工艺以及色彩特征，确保所有信息均能被高效地存储于数据库中，便于检索和分析。

图 4.1 幕墙材料 BIM 信息管理模块

序号	型号	名称	物料	属性	类型代号	工程
1	HZTT-78-DY02-LL	公立柱1（东西面）	6063-T6	粉末喷涂 灰3	XC-078	潮州CBD
2	HZTT-75-DY01-LL	母立柱1（东西面）	6063-T6	粉末喷涂 灰3	XC-075	潮州CBD
3	HZTT-90-DY01-LL	母立柱1（东西面）	6063-T5	粉末喷涂 灰3	XC-090	潮州CBD
4	HZTT-66-LL-ZG	阳角中立柱（东西面）	6063-T6	粉末喷涂 灰3	XC-066	潮州CBD
4	HZTT-66-LL	阳角中立柱（东西面）	6063-T6	粉末喷涂 灰3	XC-066	潮州CBD
5	HZTT-67-LL	阳角中立柱内衬型材（东西面）	6063-T6	阳极氧化 无	XC-067	潮州CBD
6	HZTT-79-LL	阴角中立柱	6063-T6	粉末喷涂 灰3	XC-079	潮州CBD
8	HZTT-65-LL	层间上横梁（东西面）	6063-T6	粉末喷涂 灰3	XC-065	潮州CBD
9	HZTT-61-DY04-LL	上横梁2（东西面）	6063-T6	粉末喷涂 灰3	XC-061	潮州CBD
10	HZTT-63-LL	中横梁2（东西面）	6063-T6	粉末喷涂 灰3	XC-063	潮州CBD
11	HZTT-60-DY03-LL	下横梁2（东西面）	6063-T6	粉末喷涂 灰3	XC-060	潮州CBD
12	HZTT-62-DY09-LL	水槽2	6061-T6	阳极氧化 无	XC-062	潮州CBD
13	HZTT-64-LL	阴角立柱护边	6063-T6	氟碳喷涂 亮银色	XC-064	潮州CBD
14	HZTT-72-LL	玻璃托条（东西面）	6061-T6	素材 无	XC-072	潮州CBD
15	HZTT-73-LL	下横梁护边（东西面）	6063-T6	氟碳喷涂 亮银色	XC-073	潮州CBD
16	HZTT-76-LL	立柱护边	6063-T6	氟碳喷涂 亮银色	XC-076	潮州CBD
17	HZTT-77-LL	立柱扣盖（东西面）	6063-T6	氟碳喷涂 亮银色	XC-077	潮州CBD
18	HZTT-80-LL	玻璃扣盖	6063-T6	氟碳喷涂 亮银色	XC-080	潮州CBD
19	HZTT-89-LL	封边装饰L型材	6063-T6	氟碳喷涂 亮银色	XC-089	潮州CBD
20	HZTT-97-LL	层间坚向垫板（东西面）	6063-T5	粉末喷涂 灰3	XC-097	潮州CBD
21	HZTT-96-LL	上横梁护边（东西面）	6063-T5	氟碳喷涂 亮银色	XC-096	潮州CBD

图 4.2 铝型材材料信息

2）幕墙用材料几何信息管理模块

幕墙用材料几何信息管理模块（见图 4.3）专注于管理幕墙所用材料的几何特性，如铝型材的断面形状、钢材的截面尺寸等。该模块通过数据库化手段对这些数据进行精确管理，同时内置了一个丰富的国标紧固件库，为幕墙的设计与施工提供了便捷的资源支持。钢材几何信息管理工具如图 4.4 所示，国标紧固件库如图 4.5 所示，型材截面数据库如图 4.6 所示。

图 4.3　幕墙用材料几何信息管理模块

图 4.4　钢材几何信息管理工具

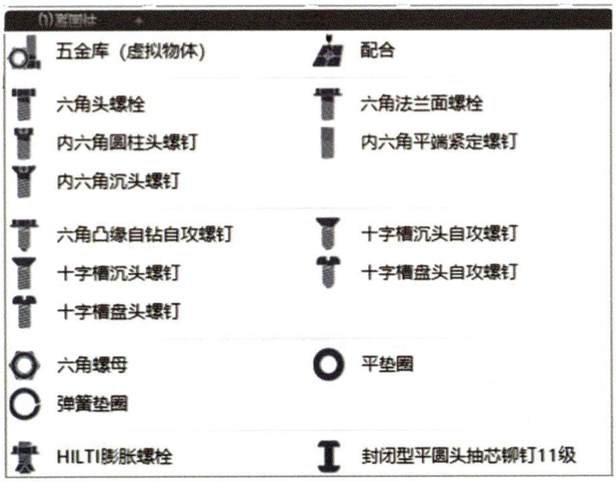

图 4.5　国标紧固件库

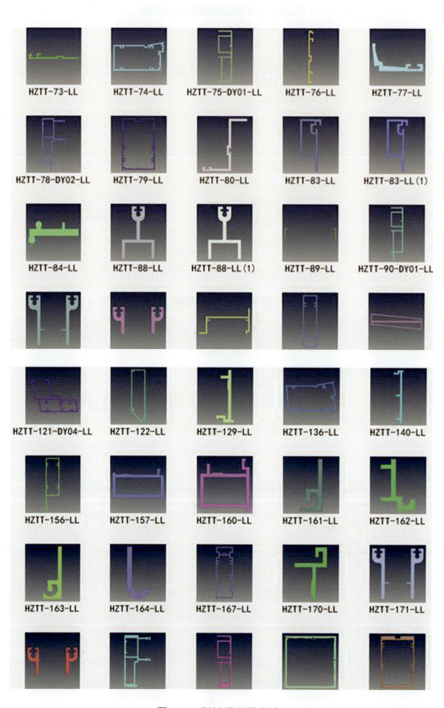

图 4.6 型材截面数据库

3）幕墙建模模块

幕墙建模模块以幕墙材料 BIM 信息管理模块和幕墙用材料几何信息管理模块为核心基础，提供了一个直观且高效的 BIM 建模平台。设计师能够轻松构建幕墙的三维模型，并进行设计方案的优化迭代，实现了从数据库中的材料信息直接映射至实体幕墙构件的无缝对接。幕墙构件 BIM 模型如图 4.7 所示，单元体幕墙 BIM 模型如图 4.8 所示。

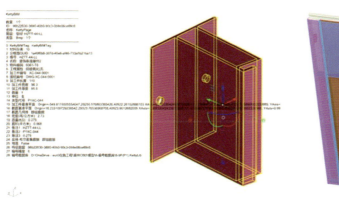

图 4.7　幕墙构件 BIM 模型　　　　图 4.8　单元体幕墙 BIM 模型

4）制造与装配模块

针对幕墙构件的生产流程，制造与装配模块集成了智能化加工工具，旨在平衡生产效率和幕墙安装精度的双重考量。此外，本模块还融入了幕墙工业化的先进理念，特别是机械装配的思想，使得装配过程更加流畅和精准。借助此模块，工程师可以直接从 BIM 模型中导出生产所需的数据，指导工厂的实际操作。幕墙构件 BIM 生产信息管理如图 4.9 所示，单元体幕墙 BIM 生产信息管理如图 4.10 所示，单元体幕墙生产工序信息管理如图 4.11 所示，单元体幕墙生产组装信息管理如图 4.12 所示。

5）标注出图模块

为了满足幕墙构件设计和生产的实际需要，标注出图模块专门设计了工程图纸的生成功能。无论是详细的构件设计图还是全面的装配图纸，均能在短时间内高质量地完成制作，极大地提升了工作效率和质量标准。单元体生成控制尺寸标注如图 4.13、图 4.14 所示，单元体安装排版图如图 4.15 所示。

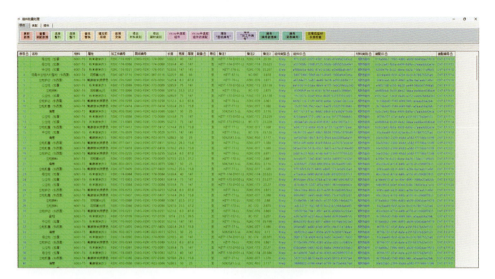

图 4.9　幕墙构件 BIM 生产信息管理

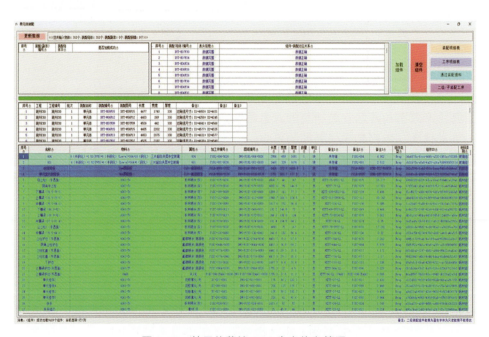

图 4.10　单元体幕墙 BIM 生产信息管理

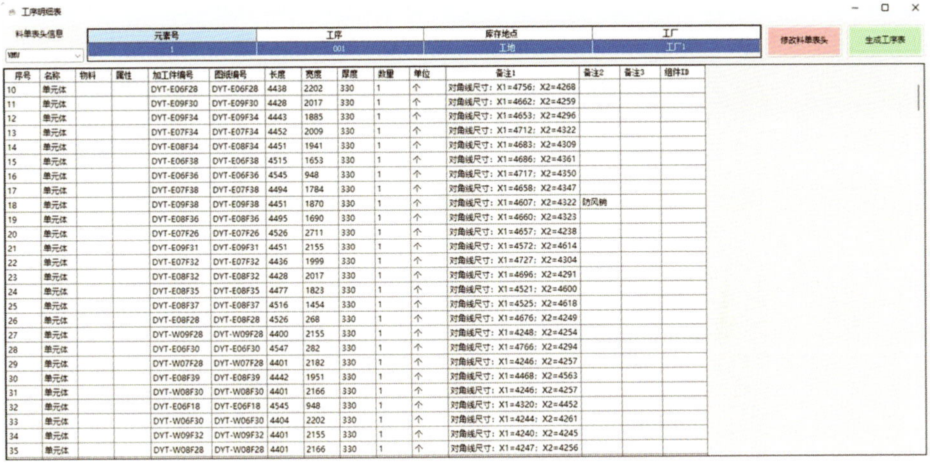

图 4.11　单元体幕墙生产工序信息管理

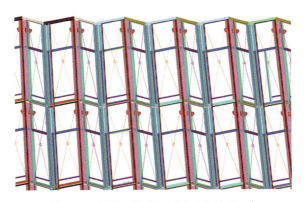

图 4.12　单元体幕墙生产组装信息管理

图 4.13　单元体生成控制尺寸标注（一）

04　幕墙数字化设计工具

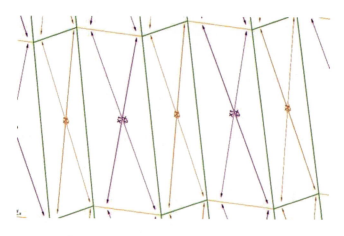

图 4.14　单元体生成控制尺寸标注（二）

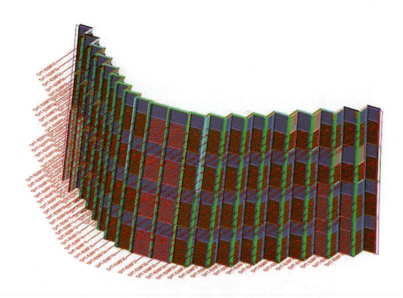

图 4.15　单元体安装排版图

6）编号数据库模块

考虑到大型项目中幕墙构件数量庞大（通常达数万甚至数十万个），编号数据库模块特别设置了强大的编号管理系统。编号管理系统通过对每个构件的唯一编码，实现了全生命周期的追踪和管理。编号管理系统还能根据生产批次自动分配编号，避免了人为错误导致的编号重复现象，从而有效地降低了经济损失的风险。编号数据库如图 4.16 所示。

图 4.16　编号数据库

2. KettyBIM 的特色与优势

（1）全面的信息管理：KettyBIM 能够对各种幕墙材料的详细属性（如材质、合金状态、表面处理方式、颜色）以及几何信息进行全面的数据库化管理，确保信息的准确性和一致性。

（2）高效的 BIM 建模：通过集成材料信息和几何信息管理模块，KettyBIM 提供了便捷的 BIM 建模功能，能够快速构建幕墙模型，并进行设计优化，提高了工作效率和质量。

（3）智能化制造与装配：KettyBIM 不仅支持幕墙构件的加工生产，还考虑了生产效率和精度的平衡，提供了智能化的工具来辅助生产和装配过程，有助于提高生产效率和产品质量。

（4）灵活的标注出图：KettyBIM 能够根据设计和生产的需要，自动生成工程图纸和装配图纸，减少了手工绘图的工作量，提高了出图的准确性和速度。

（5）精确的编号管理：KettyBIM 实现了对大量幕墙构件编号的自动化管理和控制，避免了因编号重复或错误而导致的潜在经济损失，保证了项目管理的高效性。

4.1.3 百思美：基于 ArchiCAD 平台的幕墙智能设计软件

百思美是由百思美（北京）信息科技发展有限公司推出的专业级幕墙智能设计软件。该软件基于 ArchiCAD 平台开发，旨在满足幕墙行业数字化转型升级的需求，为幕墙设计师量身打造，具有多项强大功能。

1. 极速建模

建模效率提升 90％，幕墙表皮模型可通过 Rhino、Grasshopper 实时联动对接 ArchiCAD，实现无缝衔接、实时联动。

2. AI 高效出图与一键方案调整

自动添加标签和标注，方案调整效率提升 80％。模型可自动生成施工图、加工图纸等专业图纸，并自动添加标注、标签，让幕墙设计师专注于设计本身。

3. 自动统计出量

自动统计工程量，告别传统扒图方式，报价核算效率提升 90％。一键统计整体项目工程量清单，可快速追溯构件所在模型位置，并支持导出多种格式的文件。

4. 模型无缝对接加工

简化 50％加工数据重构环节，通过配置组合截面及边界条件，可极速创建高精度型材模型，并对接智能制造加工生产系统及数控机床。

5. 满足精细化需求

型材切割角自动裁切，AI 计算满足精细化模型需求，自动批量实现 3D 型材交接处的连续构件切割效果；集成参数化预埋件；尺寸自由调整，部件联动跟随，可根据需求创建高精度型材模型，数据可对接智能制造系统。

6. 轻量化模型与多端展示

模型智能减面，轻量化整体模型体量，移动端也可轻松浏览。

百思美幕墙智能设计软件从幕墙系统加工级深度模型的极速创建、型材法向方向自动计算、型材端部空间切割角自动裁切，施工图纸发布前的快速添加标签标注、自动图纸布图，到构件精细化对接数字加工等一整套可满足幕墙BIM正向设计的功能，为幕墙设计—施工—生产提供全流程数字化应用手段，为幕墙行业带来更多智能化应用新方式。

4.2 计算与仿真软件

计算与仿真软件用于分析幕墙的结构性能和环境性能，是确保幕墙设计安全性和功能性的重要工具。

4.2.1 结构计算分析软件

幕墙结构计算是幕墙设计过程中的关键环节，对于确保幕墙系统的安全性、稳定性等性能至关重要。随着建筑设计的日益复杂化，传统的手工计算方法已无法满足现代幕墙设计的需求。表4.2列出了当前市场上主要的幕墙结构计算分析软件，并分析了它们的特点、适用范围和学习难度，以期为幕墙设计师选择合适的计算工具提供指导。

表 4.2 常用结构计算分析软件

软件类型	代表软件	优势	劣势	适用场景
入门级软件	① 汇宝；② 幕墙易云计算	① 使用简单，适合入门级设计师；② 界面友好，操作直观	① 计算功能相对基础；② 难以处理复杂结构；③ 适用于常规幕墙结构计算	适用于常规简单的幕墙项目
进阶级软件	豪沃克	① 功能较为全面；② 支持有限元分析；③ 可设置相对复杂的计算模型；④ 提供多样化的计算内容	对于特别复杂的结构仍有局限性	适用范围广，可满足多数常规幕墙计算需求

续表

软件类型	代表软件	优势	劣势	适用场景
专业级软件	① 3D3S；② MIDAS Gen	① 支持高级有限元分析；② 分析精度高	学习曲线陡峭，要求达到较高的专业知识水平	适用于复杂幕墙钢架节点计算，或者面板的有限元分析
	SAP2000	① 功能强大，广泛用于幕墙支承结构的设计和分析，支持多种材料和结构类型；② 与其他软件（如 Rhino）配合使用效果好	① 学习难度较高，需要具备扎实的结构力学基础；② 操作复杂，需要专业培训	适用于复杂幕墙系统的整体分析
	① ABAQUS；② ANSYS	可进行非线性分析、动力分析等高级计算	① 学习难度最高，需要具备深厚的理论基础；② 操作复杂，需要长期的学习和实践	适用于关键节点、大型玻璃面板等特殊节点或复杂构件的分析

对于幕墙结构工程师，建议掌握以下软件的组合运用。

(1) Rhino：用于创建和提取复杂的几何模型。

(2) SAP2000：进行主要的结构分析和计算。

(3) ABAQUS 或 ANSYS：用于特殊构件或节点的深入分析。

幕墙结构计算分析软件的选择和使用是一个循序渐进的过程。设计师应该根据自身经验水平和项目需求，选择适合的软件工具。同时，设计师要注意软件只是辅助工具，扎实的理论基础和丰富的工程实践经验同等重要。

4.2.2 性能仿真分析软件

幕墙性能仿真分析软件是现代建筑设计中不可或缺的工具，用于评估和优化幕墙的各项性能指标，包括热工性能、光学性能、声学性能、防水性能和防火性能等。这些软件工具不仅能帮助设计师提高幕墙的节能效果,还能显著提高室内环境的舒适度和安全性。

1. 热工性能仿真分析软件

热工性能仿真分析工具主要用于评估幕墙的隔热和保温性能。这些工具可以模拟不同气候条件下的热流动情况,帮助设计师优化幕墙的热工性能,从而降低建筑能耗,提高室内舒适度。

1)常用和主流软件

(1) EnergyPlus(主流):由美国能源部资助开发的开源软件,被广泛应用于建筑能耗分析。它能够模拟复杂的建筑系统的能源消耗。

(2) DesignBuilder(主流):基于 EnergyPlus 引擎的图形化界面软件,集成了 BIM 功能,使用便捷,适用于各阶段的建筑能耗分析。

(3) TRNSYS(常用):一款灵活的瞬态系统仿真程序,特别适合用于复杂建筑系统的动态热模拟。

2)其他有用的工具

(1) THERM:专门用于分析建筑构件热桥的二维热传导分析软件。

(2) WINDOW:专注于窗户和幕墙系统热工性能分析的软件。

(3) DEAP(开源):具有高度灵活性,适合研究人员和高级用户使用。

(4) eQUEST:基于 DOE-2 引擎的免费软件,适用于快速能耗分析。

(5) XWall(豪沃克幕墙软件):可以进行热工分析、节点热工有限元分析、U 值计算,用于能源效益评估。

2. 光学性能仿真分析软件

幕墙光学性能仿真分析软件用于评估幕墙的采光效果、眩光控制和视觉舒适度等方面。这些工具可以模拟自然光在室内的分布情况,帮助优化幕墙设计,以提高室内照明质量,同时减少人工照明需求。

常用和主流软件如下。

(1) Radiance(主流):开源的光线追踪软件,被广泛应用于研究和实践中。它可以进行高精度的光环境模拟,包括复杂的几何形状和材质。

(2) IESVE(主流):集成化的建筑性能分析套件,包含强大的光环境分析模块。它可以进行日光分析、人工照明设计和与 LEED 认证相关的计算。

（3）DIALux（常用）：免费的照明设计和计算软件，广泛用于室内和室外照明设计。它具有直观的界面和丰富的灯具库。

（4）RELUX（常用）：一款流行的照明设计软件，支持室内、室外和道路照明设计。

3. 声学性能仿真分析软件

幕墙声学性能仿真分析软件用于评估幕墙的隔音效果和室内声环境质量。这些工具可以模拟声波在建筑中的传播，帮助设计师优化幕墙构造，以提高幕墙的隔音性能。

1）常用和主流软件

（1）ODEON（主流）：专业的室内声学模拟软件，广泛用于音乐厅、剧场等场所的声学设计。

（2）COMSOL Multiphysics（主流）：多物理场仿真软件，其声学模块可以模拟复杂几何结构中的声波传播。

（3）INSUL（常用）：专门用于计算墙体、地板和天花板隔音性能的软件。

2）其他有用的工具

（1）Auralex Room Designer：专注于小型室内声学处理的设计工具。

（2）CadnaA：环境噪声预测和制图软件，适用于大尺度的噪声评估。

4. 防水性能仿真分析软件

幕墙防水性能仿真分析主要通过计算流体动力学（CFD）软件来模拟幕墙在风雨作用下的水流路径，以识别潜在的渗漏点并优化防水设计。

常用和主流软件如下。

（1）ANSYS Fluent（主流）：强大的CFD软件，可以模拟复杂的流体流动，包括风驱雨对幕墙的影响。

（2）OpenFOAM（开源，常用）：开源CFD工具箱，具有高度的灵活性，适合研究人员和高级用户使用。

（3）COMSOL Multiphysics（主流）：除了声学性能仿真分析外，其CFD模块也可用于防水性能仿真分析。

5. 防火性能仿真分析软件

幕墙防火性能仿真分析软件用于模拟火灾发生时的烟气流动、温度分布等情况，帮助设计师优化幕墙的防火设计，提高建筑安全性。

常用和主流软件如下。

(1) Fire Dynamics Simulator (FDS)（主流）：由美国国家标准与技术研究院 (NIST) 开发的开源火灾模拟软件，广泛用于建筑防火设计和分析。

(2) PyroSim（常用）：具有 FDS 的图形用户界面，使 FDS 的使用更加便捷。

(3) SMARTFIRE：商业化的火灾和疏散模拟软件，具有对用户友好的界面。

随着建筑设计对性能要求的不断提高，这些仿真分析软件在幕墙设计中扮演着越来越重要的角色。它们不仅能够帮助设计师在项目早期阶段优化设计方案，还能在施工前发现潜在问题，从而降低后期修改的成本。

值得注意的是，随着建筑信息模型（BIM）技术的发展，越来越多的性能仿真分析工具开始与 BIM 软件（如 Revit）集成，这种趋势有助于提高设计效率，实现更全面的建筑性能优化。

然而，我们也应该认识到，软件分析结果仍需要专业人员的判断和验证，并结合实际工程经验来应用。因此，在使用这些软件工具时，应该培养专业团队的分析能力，并建立有效的质量控制流程，以确保分析结果的准确性和可靠性。

05

幕墙数字化设计应用

5.1 方案设计阶段

5.1.1 幕墙方案设计

1. 设计目标

(1) 确定幕墙系统的整体方案。
(2) 分析幕墙方案的可行性和经济性。
(3) 为幕墙初步设计提供设计依据。

2. 设计内容

(1) 确定幕墙系统及主要材料。
① 根据建筑功能和造型要求,选择适当的幕墙系统。
② 考虑建筑节能要求,选择合适的幕墙材料和构造。
(2) 确定幕墙物理性能指标。
① 根据建筑所在地区的气候条件,确定幕墙的热工性能指标。
② 根据建筑高度和所在地区的风压条件,确定幕墙的抗风压性能指标。
③ 确定幕墙的气密性、水密性等其他物理性能指标。
(3) 提出幕墙对主体结构的技术要求。
① 分析幕墙系统对主体结构的荷载影响。
② 提出幕墙与主体结构连接的初步方案。
(4) 推荐适应项目特点和要求的新材料、新技术和新工艺。
① 评估新材料、新技术和新工艺的应用可行性。
② 分析创新技术对幕墙性能和成本的影响。
(5) 出具幕墙成本估算报告和必要的分析报告。
① 进行幕墙系统的成本估算。
② 分析不同幕墙方案的经济性。

3. 设计输入条件

(1) 建筑专业输入。

① 建筑立面效果图，局部重要部位的效果示意图。
② 建筑模型。
③ 建筑方案文本和设计说明。
④ 建筑平面图、立面图、剖面图。
⑤ 绿色建筑、节能策略及对幕墙性能的要求。
（2）结构专业输入。
① 结构设计说明。
② 结构平面图。
（3）暖通专业输入。
① 初步确定在幕墙上通风和排烟的总体措施和要求。
② 对采取机械排烟和自然排烟进行初步明确。
（4）委托方输入。
初步确定幕墙工程的投资限额要求。

4. 设计交付成果

（1）成果文件组成。
① 设计说明。
② 设计图纸。
③ 幕墙成本估算报告。
④ 必要的分析报告。
（2）设计图纸内容。
① 幕墙系统立面图。
② 典型幕墙剖面图。
③ 主要节点示意图。
④ 幕墙材料及效果示意图。
（3）分析报告内容。
① 幕墙系统的选择依据和分析。
② 新材料、新技术和新工艺的应用分析。
③ 幕墙方案的可行性分析。
④ 幕墙方案的经济性分析。
（4）成果深度要求。
① 应能体现建筑设计意图和幕墙系统的主要特点。
② 能够为幕墙初步设计提供充分的设计依据。

③ 对成果文件的具体规定应符合相关标准或规范的要求。

幕墙方案设计部分涵盖设计目标、设计内容、设计输入条件及设计成果等关键方面，为幕墙设计的初始阶段提供了全面的指导。这个阶段的工作将为后续的幕墙设计过程奠定基础，确保幕墙设计能够满足建筑功能、美观和经济性的要求。

5.1.2 方案设计阶段数字化设计应用

1. 找形优化

找形优化旨在将建筑师的创意概念转化为可行的幕墙表皮形态。这一阶段的核心目标是在符合设计意图的同时，构建一个既美观又实用的幕墙系统。

1）主要任务

本阶段的主要任务如下。

(1) 幕墙表皮逻辑梳理。

深入分析建筑设计意图，提炼幕墙表皮的成形逻辑和各部位的空间关系，确保幕墙设计与整体建筑风格和谐统一。

(2) 幕墙模型重构。

基于梳理的逻辑，重新构建幕墙表皮模型。这个过程需要确保模型的完整性和封闭性，做到既可以实现幕墙自身的完整封闭，也可以与建筑墙体、主体结构等无缝衔接。

(3) 多因素平衡。

在找形优化过程中，需要综合考虑美学、功能、技术和经济等多方面的因素，寻求最佳平衡点。

2）数字化设计技术与方法

在幕墙找形优化过程中，可以应用以下数字化设计技术与方法。

(1) 高级参数化设计。

利用如 Grasshopper、Dynamo 等参数化设计工具，创建可动态调整的幕墙模型。通过参数控制，可以快速生成和修改复杂曲面，灵活调整幕墙构件的尺寸和分布，提高设计效率和精度。

(2) 进化算法与形态语法。

应用遗传算法、粒子群优化算法等进化计算方法，自动地优化幕墙面板划分方案。同时，利用形态语法理论，生成符合设计意图的复杂几何形态，拓展设计可能性。

通过综合运用这些先进的数字化设计技术，设计师能够显著提升幕墙找形优化的效率和质量。这种基于数字化驱动的设计方法不仅能确保设计意图的精准实现，还能为后续的深化设计和施工管理提供坚实的数据基础。最终，这将有助于创造出既富有美感又高度功能化的幕墙系统，满足现代建筑对美学、性能和可持续性的多元化要求。

2. 细部造型拟合分析

细部造型拟合分析旨在将抽象的建筑概念转化为可实现的工程方案。这一阶段的核心目标是在符合设计意图的同时，确保幕墙零件的标准化、可加工性和可实施性。在找形优化的基础上进行深入的细部造型拟合，能够有效地填补设计与施工之间的鸿沟。

1）主要任务

本阶段的主要任务如下。

（1）实例化抽象建筑逻辑。

将概念性的设计意图转化为具体的几何形态和构造细节。这个过程需要考虑材料特性、加工工艺和施工技术等多方面的因素。

（2）细部造型精确调整。

对幕墙表皮的每一个细节进行深入研究和精确调整，确保设计的美学意图能够在实际构件中得到准确表达。

（3）数据分析与多方协作。

将拟合后的分析数据提供给各参与方（如建筑师、结构工程师、施工团队等）进行讨论和把控，以实现设计、工程和施工的最佳平衡。

2）数字化设计技术与方法

在细部造型拟合分析过程中，可以应用以下数字化设计技术与方法。

（1）高精度参数化建模。

使用如 Rhino 与 Grasshopper 等参数化设计工具，创建可灵活调整的精细化模型。这允许设计师快速响应变更需求，同时保持模型的精确性。

（2）几何优化算法。

应用计算几何和拓扑优化算法，自动地生成满足结构要求和制造约束的优化构件形态。这不仅能提高设计效率，还能探索创新形态的可能性。

(3) BIM 集成与协同设计。

将细部设计信息整合到 BIM 模型中，实现跨专业的精确协调。通过 BIM 平台进行设计变更管理和版本控制，确保所有参与方始终使用最新、最准确的数据。

通过综合运用这些先进的数字化设计技术，设计师能够显著提升细部造型拟合分析的效率和准确性。这不仅能确保设计意图的精准传达，还能为后续的深化设计、工程预算和施工管理提供坚实的数据基础。

3. 设计方案比选

设计方案比选旨在通过系统性的比较和分析，从多个备选方案中选出相对最优解。这一阶段的核心目标是在符合设计创意的同时，平衡性能、成本和实施可行性等多维度因素。通过运用先进的数字化设计技术，设计师能够将复杂的决策过程转化为直观、准确且高效的选择过程。

1）主要任务

本阶段的主要任务如下。

(1) 方案模型创建与调整。

基于前期的找形优化和细部造型拟合分析结果，创建或调整多个备选的设计方案模型，确保每个方案都能准确反映设计意图。

(2) 多维度评估分析。

对各个方案进行全面的评估，包括外观效果、幕墙性能、投资成本等方面，形成客观的数据支持。

(3) 可视化决策支持。

利用三维可视化技术，为方案的沟通、讨论和决策提供直观的平台，提高决策的准确性和效率。

2）数字化设计技术与方法

在设计方案比选过程中，可以应用以下数字化设计技术与方法。

(1) 参数化方案生成。

利用参数化设计工具，快速生成和调整多个设计方案。通过调整关键参数，可以探索更广泛的设计可能性，丰富比选的设计方案。

(2) 虚拟现实（VR）展示。

将设计方案导入 VR 环境，让决策者和利益相关者能够身临其境地体验每个方案的空间效果，提供更直观的比较基础。

(3) 增强现实（AR）现场评估。

利用 AR 技术，将数字化设计模型叠加到实际建筑环境中，评估各方案与周边环境的协调性。这种数字化设计技术与方法特别适用于改造项目的方案比选。

(4) BIM 集成分析。

在 BIM 平台上整合各专业信息，进行综合性能分析，包括结构安全、能源效率、施工难度等，为方案比选提供全面的技术支持。

通过综合运用这些先进的数字化设计技术，设计师能够将设计方案比选过程转变为一个数据驱动、可视化强、协作性高的科学决策过程。这不仅能够提高决策的准确性和效率，还能确保最终选定的方案在美学、功能、性能和经济性等多个方面达到最佳平衡。

5.2 初步设计阶段

5.2.1 幕墙初步设计

1. 设计目标

① 确定各幕墙系统标准位置的体系和技术参数。
② 满足编制工程概算要求。
③ 为幕墙招标图设计阶段提供设计依据。

2. 设计内容

① 依据建筑主体专业的初步设计成果和幕墙方案设计成果进行编制。
② 确定幕墙系统类型及主要材料。
③ 确定幕墙物理性能指标。
④ 提出幕墙对主体结构的技术要求。
⑤ 完成幕墙标准节点的绘制。
⑥ 提供幕墙工程主要构件及连接计算书。

3. 设计输入条件

(1) 建筑专业输入。
① 建筑立面效果图，局部重要部位的效果示意图。
② 建筑模型，包含幕墙分格。
③ 造型尺寸。
④ 立面材质等信息。
⑤ 建筑幕墙专项说明。
⑥ 建筑平面图、立面图、剖面图。
⑦ 建筑墙身大样图。
⑧ 幕墙热工参数要求。
(2) 结构专业输入。
① 结构设计说明。
② 结构平面图。
③ 对幕墙体系影响较大的主体结构变形数据。
(3) 暖通专业输入。
① 通风及排烟要求。
② 通风率要求。
(4) 给排水专业输入。
① 采光顶、雨篷。
② 金属屋面的排水设计要求。
(5) 电气专业输入。
幕墙及屋面防雷布置要求。
(6) 泛光照明专业输入。
泛光设计范围，灯具类型、尺寸、重量、安装位置等要求。

4. 设计工作界面

(1) 与建筑专业。
幕墙专业在建筑专业提供的平立面基础上进行优化和深化。
(2) 与结构专业。
① 结构专业提供幕墙支承结构。
② 幕墙专业设计次要受力构件。
(3) 与电气专业。
① 幕墙专业进行幕墙防雷设计。

② 电气专业进行幕墙电动或气动开启扇控制系统设计。
(4) 与室内装饰专业。
以气候边界为界划分设计范围。
(5) 与泛光照明专业。
泛光照明专业设计灯具支架，幕墙专业预留连接支座。
(6) 与给排水专业。
给排水专业设计排水系统，幕墙专业进行相应构造设计。
(7) 与暖通专业。
幕墙专业根据暖通要求设计开启扇或通风百叶等措施。

5. 设计交付成果

(1) 成果文件组成。
① 设计说明。
② 设计图纸。
③ 主要和重难点类型幕墙的结构计算书。
(2) 设计图纸内容。
① 幕墙平面图、立面图、剖面图。
② 幕墙标准节点图。
③ 幕墙与主体结构的连接节点图。
④ 特殊部位幕墙详图。
(3) 其他成果。
协助委托方或其委托的工程造价咨询单位编制工程概算。
(4) 成果深度要求。
① 应能满足编制工程概算要求。
② 可为幕墙招标图设计阶段提供设计依据。
③ 对成果文件的具体规定应符合相关标准或规范的要求。

幕墙方案初步设计部分涵盖设计目标、设计内容、设计输入条件、设计工作界面以及设计成果等关键方面，为幕墙设计过程提供了全面的指导。

5.2.2 初步设计阶段数字化设计应用

1. 碰撞检测

碰撞检测是幕墙设计过程中确保设计质量和施工可行性的关键环节。这一阶段的核心目标是通过运用先进的数字化设计技术，全面识别和解决设计中的潜在冲突，实现幕墙与其他专业的无缝协调。通过系统性的碰撞检测，能够大幅度提升设计精度，减少施工阶段的错误，降低施工阶段的返工风险。

1）主要任务

本阶段的主要任务如下。

（1）全面模型整合。

将幕墙设计模型与建筑、结构、机电等其他专业的模型进行整合，建立完整的项目数字孪生模型。

（2）系统性碰撞分析。

利用专业软件对整合模型进行全方位的碰撞检测，识别空间冲突、设计错误、遗漏和不足。

（3）协同设计优化。

基于检测结果，与各专业团队协作，进行设计调整和优化，确保项目整体的协调性和可建造性。

2）数字化设计技术与方法

在碰撞检测过程中，可以应用以下数字化设计技术与方法。

（1）高级 BIM 集成。

利用如 Autodesk Revit、ArchiCAD 等先进 BIM 平台，构建高精度的幕墙信息模型，并与其他专业模型进行无缝集成。

（2）智能碰撞检测算法。

应用如 Navisworks、Solibri 等专业碰撞检测软件，运用智能算法自动识别硬碰撞（如构件间的物理干涉）和软碰撞（如设备维护空间不足）。

（3）参数化快速调整。

将碰撞检测结果与参数化设计模型链接，实现检测—调整—再检测的快速迭代循环。

（4）自动化设计规则检查。

除了几何碰撞，还可以建立自动化设计规则检查系统，确保幕墙设计符合各种规范和标准要求。

通过综合运用这些先进的数字化设计技术，设计师能够将碰撞检测转变为一个全面、精确且高效的过程。这不仅能够显著提高设计质量，还能大幅度减少施工阶段的错误、降低施工阶段的返工风险。

通过及早发现和解决潜在问题，我们可以优化施工流程，减少工期延误和成本超支，同时确保最终建成的幕墙系统达到预期的美学和功能标准。

2. 性能校核

性能校核是幕墙设计过程中确保工程质量和安全的关键环节。这一阶段的核心目标是通过运用先进的数字化设计技术，全面评估幕墙系统的力学性能和物理性能，确保设计方案不仅满足美学要求，还能够达到甚至超越相关规范标准。通过系统性的性能校核，能够优化设计，提高幕墙的安全性、舒适性和可持续性。

1）主要任务

本阶段的主要任务如下。

(1) 力学性能校核。

利用专业分析软件，对幕墙模型进行全面的力学性能评估，确保结构的安全性和稳定性。

(2) 物理性能校核。

评估幕墙系统的热工性能、声学性能、光学性能等，确保建筑的舒适性和能源效率。

(3) 性能优化与调整。

基于性能校核结果，进行设计优化和调整，平衡性能要求与设计意图。

2）数字化设计技术与方法

在性能校核过程中，可以应用以下数字化设计技术与方法。

(1) 高级有限元分析（FEA）。

使用如 ANSYS、ABAQUS 等高级 FEA 软件，对幕墙系统进行精细化的力学分析，包括对静力、动力、疲劳等多方面进行评估。

(2) 计算流体动力学（CFD）模拟。

应用 CFD 技术模拟幕墙周围的风场分布，评估风荷载影响，优化幕墙构件设计。

(3) 热工性能动态模拟。

利用 EnergyPlus、DesignBuilder 等软件，进行全年动态热工性能模拟，评估幕墙系统的能源效率和室内舒适度。

(4) 声学性能分析。

使用专业声学性能分析软件，评估幕墙的隔声性能，优化材料选择和构造设计。

(5)日光与眩光分析。

通过 Radiance 等工具，进行详细的日光利用和眩光控制分析，优化幕墙的透光设计。

通过综合运用这些先进的数字化设计技术，设计师能够将幕墙性能校核转变为一个全面、精确且高效的过程。这不仅能够确保幕墙设计满足各项技术标准和规范要求，还能促进性能导向的创新设计。

3. 可视化输出

可视化输出是幕墙设计过程中的关键沟通环节，旨在将复杂的技术设计转化为直观、富有吸引力的视觉呈现。这一阶段的核心目标是通过运用先进的数字化设计技术，精确展示设计意图，提高与建设方的沟通效率，并支持快速、明智的决策制定。通过高质量的可视化输出，能够缩短设计团队与利益相关者之间的认知差距，确保项目愿景的准确传达。

1）主要任务

本阶段的主要任务如下。

(1) 模型优化与细化。

对幕墙模型进行材质、分格等方面的精细化处理，确保可视化效果的准确性和真实感。

(2) 高质量渲染输出。

生成高分辨率的静态渲染图和动态视频，全面展示幕墙设计的美学效果和技术特点。

(3) 交互式展示准备。

开发交互式可视化工具，支持实时的设计探索和方案比较。

2）数字化设计技术与方法

在可视化输出过程中，可以应用以下数字化设计技术与方法。

① 虚拟现实（VR）体验。

创建沉浸式 VR 环境，让决策者能够身临其境地体验幕墙设计。

② 增强现实（AR）现场预览。

开发 AR 应用，允许在实际建筑地点预览幕墙设计效果。

③ 交互式 Web 展示平台。

构建基于 WebGL 的在线交互平台，支持远程协作和设计探索。

通过综合运用这些先进的数字化设计技术,设计师能够将幕墙设计转化为富有感染力的视觉体验。通过采用这种全方位、高质量的可视化输出策略,设计师不仅能够提高幕墙设计的沟通效率,还能够增强项目的整体价值感知,为项目的成功实施奠定坚实的基础。

4. 工程概算

工程概算是幕墙设计过程中的关键决策支持环节,旨在通过精确的数据分析为项目的经济可行性评估提供可靠依据。这一阶段的核心目标是利用先进的数字化设计技术,快速、准确地量化设计方案,为成本控制和投资决策提供数据支持。通过基于模型的工程概算,设计师能够在设计早期阶段就对项目成本有清晰的认识,从而优化设计方案,确保项目的经济性。

1)主要任务

本阶段的主要任务如下。

(1)模型数据提取。

基于精细化的幕墙信息模型,快速统计立柱、横梁、面板等主要构件的数量和规格信息。

(2)成本数据集成。

将模型数据与最新的市场价格信息相结合,生成准确的工程概算。

(3)经济性分析。

基于工程概算结果,进行多方案经济性比较,支持设计优化决策。

2)数字化设计技术与方法

在工程概算过程中,可以应用以下数字化设计技术与方法。

(1)BIM 5D 集成。

利用 Autodesk Navisworks、Vico Office 等 BIM 5D 平台,将 3D 模型与时间进度、成本信息无缝集成。

(2)智能数量提取。

开发基于 AI 的智能识别算法,自动从复杂的幕墙模型中提取各类构件的精确数量信息。

(3)参数化成本估算模型。

建立参数化的成本估算模型,实现设计变更对成本影响的实时评估。

（4）智能报告生成。

开发自动化报告系统，生成包含详细构件明细、成本分析和优化建议的综合概算报告。

通过综合运用这些先进的数字化设计技术，设计师能够将工程概算转变为一个高度精确、动态响应的过程。

5.3 施工图设计阶段

5.3.1 幕墙施工图设计

1. 设计目标

① 满足指导幕墙工程建造、试验和验收的要求。
② 满足编制工程预算的要求。

2. 设计内容

① 依据建筑主体专业的施工图设计成果和幕墙招标图设计成果进行编制。
② 确定各幕墙系统的详细设计参数和施工细节。
③ 完成所有幕墙系统的节点设计。
④ 提供满足幕墙施工建造要求深度的设计图纸和计算书。

3. 设计工作重点

（1）结构计算与材料选择。

结构计算：进行精确的结构力学计算，确保幕墙系统能够承受预期的荷载，包括风压、自重、地震力等。

材料选择：根据结构计算的结果和性能要求，选择合适的材料，如高强度铝合金、钢化玻璃、夹层玻璃等，确保幕墙的耐久性和安全性。

材料性能验证：对选定的材料进行性能，如抗拉强度、耐腐蚀性、热膨胀系数等测试，确保材料满足设计规范。

(2) 性能优化与细部设计。

性能优化：根据模拟结果，对幕墙的热工性能、光学性能和声学性能进行优化；调整玻璃的透光率、反射率和遮阳系数。

细部设计：对幕墙的接缝、边缘处理、节点连接等细节进行精细设计；确保美观、防水、气密和结构稳定。

可维护性考虑：在设计中考虑幕墙的维护和清洁需求；确保可开启部分易于操作，维护通道畅通。

(3) 接缝与边缘处理。

密封性能：选择合适的密封材料，如硅酮密封胶、聚氨酯密封胶等；确保接缝处的密封性能，防止水和气体渗透。

热膨胀补偿：设计接缝时考虑材料的热膨胀系数；设置适当的伸缩缝，以适应温度变化。

边缘处理：确保结构的连续性和完整性；提供良好的视觉效果，如采用隐藏式接缝或装饰性边缘设计。

(4) 节点详图与施工细节。

详细节点设计：提供详细的节点详图，包括型材连接、玻璃安装、五金配件固定等，确保施工人员能够准确理解设计意图。

施工指导：设计文档中包含施工指导；明确施工顺序、方法和注意事项，以减少施工错误。

兼容性考虑：确保节点设计能够兼容不同的材料和组件；适应可能的设计变更。

(5) 可开启部分设计。

开启方式：根据建筑功能和用户需求，选择合适的开启方式，如平开、推拉、旋转等。

操作便利性：设计易于操作的开启机制，确保用户能够轻松开启和关闭。

安全性能：考虑可开启部分的安全性能，如设置限位器、防坠装置等，防止意外坠落。

密封性能：确保可开启部分在关闭状态下具有良好的密封性能，防止空气和水分渗透。

(6) 施工图绘制与审核。

施工图绘制：根据详细设计，绘制出完整的施工图，包括立面图、剖面图、节点详图等，为施工提供详细指导。

施工图审核：由设计团队和相关专业人士对施工图进行审核；确保图纸的准确性和完整性，符合建筑规范和安全标准。

施工准备：根据施工图准备施工材料、设备和人员；制定施工计划，确定进度安排。

4. 设计输入条件

(1) 建筑专业应完成施工图设计，提供详细的建筑立面图、平面图、剖面图等。

(2) 结构专业应提供完整的结构设计说明和结构平面图。

(3) 暖通专业应确定幕墙上的通风和排烟要求。

(4) 给排水专业应提供采光顶、雨篷、金属屋面的排水设计要求。

(5) 电气专业应明确幕墙及屋面防雷布置要求。

(6) 泛光照明专业应提供灯具安装的详细要求。

5. 设计交付成果

(1) 设计文件组成。

① 设计说明。

② 设计图纸。

③ 设计计算书。

④ 幕墙工程技术说明书（如适用）。

(2) 设计图纸内容。

① 幕墙平面图、立面图、剖面图。

② 幕墙系统节点详图。

③ 幕墙与主体结构的连接节点图。

④ 幕墙防火、防水、保温等构造详图。

⑤ 幕墙可开启部件的详细设计图。

(3) 设计计算书内容。

① 幕墙结构计算书。

② 幕墙节能计算书。

③ 其他必要的性能计算书。

(4) 其他成果。

① 协助委托方完成幕墙施工图报审。

② 协助委托方完成幕墙施工方案安全评审以及专项技术论证等。

(5)成果深度要求。
① 应能满足指导幕墙工程建造、试验和验收的要求。
② 满足编制工程预算的要求。
③ 对成果文件的具体规定应符合相关标准或规范的要求。

5.3.2　施工图设计阶段数字化设计应用

1. 节点设计

节点设计是幕墙施工图设计阶段的核心环节，直接影响幕墙系统的性能、美观度和可建造性。这一阶段的主要目标是通过运用先进的数字化设计技术，对幕墙的各类关键节点进行精确的深化设计，确保设计意图的完美实现和工程的顺利实施。通过基于模型的节点深化，设计师能够提高设计精度，优化构造细节，并为后续的制造和安装过程提供可靠的技术依据。

1）主要任务

本阶段的主要任务如下。
(1)全面节点识别。
系统性地识别和分类所有关键节点，包括但不限于中间节点、转角节点、层间节点等。
(2)精细化模型构建。
基于方案设计模型，构建高精度的节点详细模型，模型中包含所有必要的构件和连接件。
(3)性能分析与优化。
对节点设计进行多维度的性能分析，包括结构强度、水密性、热工性能等，并基于分析结果进行优化。

2）数字化设计技术与方法

在节点设计过程中，可以应用以下数字化设计技术与方法。
(1)参数化节点库。
开发智能化的参数化节点库，快速生成和调整各类标准节点，提高设计效率。
(2)拓扑优化。
应用拓扑优化算法，优化节点构件的形态和材料分布，实现轻量化设计。

(3) 有限元分析（FEA）。

利用高级 FEA 软件对节点进行精细化的力学分析，确保结构的安全性和稳定性。

(4) 计算流体动力学（CFD）。

应用 CFD 技术模拟节点周围的气流和水流，优化防水设计和热桥控制。

(5) 3D 打印原型。

利用 3D 打印技术快速制作节点原型，进行实物验证和优化。

(6) 虚拟现实（VR）检查。

在 VR 环境中进行节点设计的虚拟装配和检查，提前发现潜在问题。

(7) 多物理场耦合分析。

进行热-结构-流体等多物理场耦合分析，全面评估节点在复杂环境下的性能。

通过综合运用这些先进的数字化设计技术，设计师能够将节点设计转变为一个高度精确、可靠和创新的过程。

通过运用这种全面、精确的节点设计方法，设计师不仅能够确保幕墙项目的技术先进性和施工可行性，还能为整个幕墙行业的技术进步做出贡献。

2. 图纸输出

图纸输出是幕墙施工图设计阶段的关键环节，旨在将 BIM 模型中的复杂信息转化为清晰、准确的二维图纸。这一阶段的核心目标是提供全面、详细的施工指导文件，确保设计意图能够被准确地传达和执行。

1）主要任务

本阶段的主要任务如下。

(1) 模型整合与优化。

整合建筑、结构、幕墙等专业的 BIM 模型，确保各专业间的协调一致，消除信息不对称，为后续设计交底和深化设计奠定基础。

(2) 二维图纸生成。

基于整合后的 BIM 模型，生成各类二维图纸，包括幕墙立面图、横剖面图、竖剖面图、节点大样图、构件加工图和安装示意图等。

(3) 图纸标准化与规范化。

确保输出的所有图纸符合相关标准和规范，添加必要的标注、图例和说明，提高图纸的可读性和实用性。

2）数字化设计技术与方法

在幕墙图纸输出过程中，可以应用以下数字化设计技术与方法。

(1) BIM 模型自动出图。

利用如 Revit、ArchiCAD、Tekla 等 BIM 软件的自动出图功能，快速生成标准化的二维图纸。通过预设的图纸模板和视图设置，提高出图效率和一致性。

(2) 数字化校审系统。

引入基于 BIM 的数字化校审平台，实现图纸的在线审核、标注和修改。通过协同设计环境，提高跨专业、跨团队的沟通效率，减少图纸错误。

通过综合运用这些先进的数字化设计技术，设计师能够显著提升幕墙图纸输出的效率和质量。这种基于数字化驱动的图纸生成方法不仅能确保设计信息的准确传达，还能为施工现场提供更加直观、详细的指导。最终，这将有助于提高施工质量，减少现场错误，实现从设计到施工的无缝衔接，满足现代建筑工程对精确度、效率和协同性的高要求。

3. 工程预算

工程预算旨在将幕墙施工图设计转化为精确的成本估算。这一阶段的核心目标是提供准确、详细的预算信息，为项目决策和成本控制提供可靠依据。

1）主要任务

本阶段的主要任务如下。

(1) 工程量统计。

基于施工图设计 BIM 模型，精确计算各类幕墙构件的数量、面积和体积等工程量数据。

(2) 成本分析。

结合当前市场价格和施工条件，对材料、人工、机械等各项成本进行细致分析和估算。

(3) 预算报告生成。

整合工程量和成本数据，生成详细的预算报告，包括分项工程费用和总体工程造价。

2）数字化设计技术与方法

在幕墙工程预算过程中，可以应用以下数字化设计技术与方法。

(1) BIM 5D 技术。

将时间（4D）和成本（5D）信息集成到 BIM 模型中，实现工程量、进度和成本的动态关联。通过 BIM 5D 技术，可以快速评估设计变更对成本的影响，提高预算的准确性和灵活性。

(2) 智能工程量提取。

利用如广联达等专业造价软件的智能识别功能，自动从 BIM 模型中提取工程量数据。通过预设的规则和参数，确保工程量计算的一致性和准确性。

(3) 可视化成本分析。

利用数据可视化技术，直观展示成本构成和分布。通过交互式仪表盘，帮助决策者快速识别成本热点和优化空间。

通过综合运用这些先进的数字化设计技术，设计师能够显著提升幕墙工程预算的效率、准确性和灵活性。这种基于数据驱动的预算方法不仅能提供更精确的成本估算数据，还能为项目管理团队提供动态的决策支持工具。最终，这将有助于优化资源配置，提高成本控制能力，实现设计、预算与施工的紧密集成，满足现代建筑项目对精细化管理和经济效益的双重要求。

5.4 工程实施阶段

5.4.1 工程实施阶段的设计配合

1. 配合工作的目标与内容

(1) 施工图深化设计管理阶段的服务。
① 审核幕墙施工图深化设计单位提供的幕墙施工图和计算书。
② 协助幕墙施工图深化设计单位完成幕墙施工图报审。
③ 协助幕墙施工图深化设计单位完成相关评审和技术论证。
④ 评估与幕墙工程施工相关的其他配合单位的设计方案。
(2) 施工过程配合阶段的服务。
① 协助委托方审核确定主要材料样品。
② 审核幕墙视觉样板方案、性能测试方案和施工方案。

③ 对幕墙工程材料进行现场随机抽查。
④ 检查幕墙材料加工、组装质量以及储存、运输状况。
⑤ 检查幕墙施工安装质量。
⑥ 见证幕墙现场及实验室性能测试。
⑦ 参与幕墙工程进场验收和中间验收。
（3）验收管理阶段的服务。
① 协助委托方完成幕墙工程检查和验收。
② 审核幕墙竣工图、计算书、维护保养手册、检验报告和质量保证书等。
（4）施工阶段驻场服务。
① 检查选定的幕墙主要材料生产企业。
② 检查选定的幕墙企业加工基地及生产过程。
③ 检查施工现场安装质量。
④ 检查幕墙的物理性能测试现场及过程。
⑤ 协助委托人组织相关例会或考察。
⑥ 提供相应的检查报告。

2. 工作成果

施工阶段的设计配合工作成果主要包括以下几项。

（1）施工图深化设计审核报告。

施工图深化设计审核报告包括项目名称、报告编号、设计单位、审核意见、审核时间、审核人员签名等内容。

（2）巡场报告。

巡场报告在完成幕墙视觉样板检查、材料抽查、工厂检查、施工安装质量检查、进场验收和中间验收等工作后编制。

巡场报告内容包括项目名称、巡场时间、巡场人员、巡场问题记录、影像文件、原因分析、解决措施、巡场人员签名等。

（3）试验见证报告。

试验见证报告在见证各项幕墙测试后编制，内容包括项目名称、取样部位、试验时间、试验过程、试验结果、见证人员签名等。

（4）影像资料。

影像资料包括照片、视频等。其中，图像应清晰，并留有拍摄日期等信息。影像资料宜刻录成光盘等电子文件形式保存。

（5）销项表。

销项表用于汇总历次审核、整改意见和建议，一般按施工图深化设计管理阶段、施工过程配合阶段和验收管理阶段划分，内容包括项目名称、事项编号、事项类别、事项内容、事项提出日期和解决日期、事项是否解决、未解决的原因。

这些工作成果旨在确保幕墙工程咨询服务的质量和可追溯性，为整个施工过程提供有效的支持。

5.4.2 工程实施阶段的数字化设计应用

1. 生产加工阶段：面向制造与装配的深化设计

面向制造与装配的深化设计旨在将施工图设计转化为可指导实际生产和安装的详细方案。这一阶段的核心目标是优化设计，提高生产效率和安装精度，同时确保设计意图的完整实现，满足施工安装阶段的精度要求。

1）主要任务

本阶段的主要任务如下。

(1) 制造深化设计。

细化幕墙构件的生产细节，包括材料选择、加工工艺、连接方式等，确保构件的可制造性并满足性能要求。

(2) 装配深化设计。

优化幕墙系统的安装流程和细节，包括构件拆分、连接节点、防水措施等，提高现场安装的效率和质量。

(3) 工艺优化。

结合制造能力和现场条件，优化生产和安装工艺，减少废料和返工，提高整体效率。

(4) 全面碰撞检测。

对玻璃、铝板、龙骨、预埋件、防雷部件等进行全面的幕墙专业内碰撞检测，合理优化各构件和节点，确保模型满足工程施工阶段的精度要求。

(5) 数字化生产、加工、运输体系建立。

基于模型对幕墙构件进行分类、编码，包含构件类型、几何数据、材质、安装位置和工序等信息。

2）数字化设计技术与方法

在面向制造与装配的深化设计过程中，可以应用以下数字化设计技术与方法。

(1) 参数化构件库。

建立智能化、参数化的幕墙构件库。通过可调节参数，快速生成符合特定要求的构件模型，提高设计效率和灵活性。

(2) 数字化制造集成。

将 BIM 模型与数控加工设备直接连接，实现从设计到制造的无缝衔接。通过运用数字化制造技术，提高构件生产的精度和一致性。

(3) 大型幕墙预制构件的 3D 激光扫描与预拼装。

利用 3D 激光扫描技术对大型幕墙预制构件进行高精度扫描，创建精确的数字模型。在工厂或现场进行预拼装，验证构件之间的匹配度和整体装配的可行性。通过运用这种方法，可以提前发现潜在问题，优化装配流程，提高现场安装效率。

(4) 智能排版与材料优化。

应用人工智能算法，实现幕墙板材的智能排版和切割优化。通过运用最优化算法，减少材料浪费，提高资源利用率。

(5) 装配式设计方法。

引入模块化和标准化设计理念，提高构件的通用性和互换性。通过装配式设计，简化现场施工流程，缩短工期。

(6) 协同设计平台。

搭建跨专业、跨团队的协同设计平台。通过云端协作，实现设计师、制造商和施工方的实时沟通和信息共享。

(7) 信息化标识与全过程跟踪。

使用二维码等信息化标识，实现构件生产、加工、运输、验收等全过程跟踪和管理。通过移动端扫描，可实时查询实体构件状态。

(8) 精确材料清单生成。

从 BIM 模型中提取精确的材料数量信息，生成详细的材料清单，包括型材、玻璃和面板、五金件、密封材料等，以便于采购和成本控制。

通过综合运用这些先进的数字化设计技术，设计师能够显著提升幕墙深化设计的精度和效率。这种智能化、集成化的深化设计方法不仅能确保设计意图的精准落地，还能为制造和安装环节提供全面的技术支持。最终，这将有助于提高幕墙工程的整体质量，缩短项目周期，降低成本，实现设计、制造和安装的无缝衔接，满足现代建筑工程对高效率、高质量和可持续性的多元化要求。

2. 施工安装阶段：数字化施工指导

数字化施工指导旨在利用先进的数字化设计技术为现场施工提供精确、实时的指导和支持。这一阶段的核心目标是提高施工效率,确保施工质量,降低施工风险,同时实现设计意图的精准落地。

1)主要任务

本阶段的主要任务如下。

(1)现场技术支持。

利用数字化设计工具为施工现场提供实时的技术支持,解决施工过程中出现的各类问题。

(2)施工过程可视化。

通过数字模型和可视化技术,直观展示施工步骤和细节,提高施工人员对复杂工序的理解。

(3)质量控制与验收。

利用数字化设计工具进行施工质量的实时监控和验收,确保施工符合设计要求和相关标准。

(4)进度跟踪与优化。

实时跟踪施工进度,及时发现和解决潜在的延误问题,优化施工计划。

2)数字化设计技术与方法

在数字化施工指导过程中,可以应用以下数字化设计技术与方法。

(1)数字化施工模拟。

利用 4D BIM 技术,提前模拟整个施工过程,优化施工方案,识别潜在问题。

(2)移动 BIM 应用。

基于移动设备的 BIM 应用,使施工人员能够在现场实时查看和操作 BIM 模型,进行尺寸核对、细节查看等。

(3)增强现实(AR)技术。

利用 AR 设备,将虚拟的 BIM 模型叠加到实际施工环境中,辅助施工人员进行精确定位和安装。

(4)云端协作平台。

建立基于云技术的协作平台,实现设计团队、施工团队和管理团队之间的实时信息共享和问题解决。

这种智能化、信息化的施工指导方法不仅能确保设计意图的精准实现,还能为施工团队提供全方位的技术支持。

3. 竣工移交阶段：数字资产移交

数字资产移交旨在确保模型与工程实体的一致性，为后期运维提供全面的数字化支持。这一阶段的核心目标是完成高质量的竣工交付，为建筑的全生命周期管理奠定基础。

1）主要任务

本阶段的主要任务如下。

(1) 竣工模型创建。

利用激光扫描技术，创建精确的竣工模型，确保数字模型与实际建造结果的一致性。

(2) 竣工验收与资料整理。

完成施工方自检和竣工验收流程，将验收合格资料和相关信息添加至模型。

(3) 专项设备管理体系建立。

建立幕墙工程专项设备管理体系，包括可动构件的五金件、控制设备、监控设备等的台账和管理策略。

2）数字化设计技术与方法

在数字资产移交过程中，可以应用以下数字化设计技术与方法。

(1) 3D 激光扫描技术。

使用高精度激光扫描仪采集建筑实体数据，生成点云模型，用于创建精确的竣工模型。

(2) 数字化维修管理系统。

建立基于二维码或 RFID 的数字化维修管理系统，实现从损坏发现到维修更换的全过程数字化管理。

(3) 虚拟现实（VR）和增强现实（AR）技术。

利用 VR/AR 技术，为设施管理人员提供直观的维护指导和培训。

通过综合运用这些先进的数字化设计技术，设计师能够实现幕墙工程从施工到运维的无缝过渡。这种全面的数字资产移交方法不仅确保了竣工信息的完整性和准确性，还为后续的建筑运营和维护提供了强大的数字化支持。

第2篇

幕墙模型创建实务

06

理论部分

BIM 模型应针对幕墙工程项目实施数字化设计工作的目标和任务进行建立、共享和应用。幕墙工程信息模型及相关数据信息，应准确反映幕墙的真实数据，并和建筑物协调一致，同时具有可协调性、可优化性。

6.1　幕墙 BIM 深化设计的一般工作流程

下面以一些案列阐述幕墙 BIM 深化设计的工作流程。

6.1.1　检查输入资料是否齐全

检查输入资料是否齐全的目的是：防止文件不全、边做边要资料、增加沟通成本，同时避免输入资料错误。

幕墙项目的输入资料主要是模型和图纸。

1. 幕墙表皮模型

幕墙表皮模型（见图 6.1、图 6.2）由建筑设计师提供，包含整体的表皮，方便整体建模及几何数据提取。模型文件可能为 SketchUp 模型文件、Rhino 文件、DWG 文件、Revit 文件、CATIA 文件、点云模型文件等。

 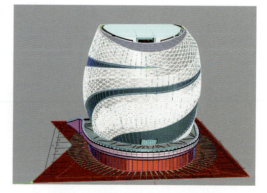

图 6.1　幕墙表皮模型　　　　　　图 6.2　带分割线的幕墙表皮模型

2. 幕墙 LOD300 模型

幕墙 LOD300 模型由幕墙咨询公司或者设计院提供，包含龙骨、表皮划分等,龙骨大小不一定准确,仅供参考。一般异形项目幕墙模型多为 Rhino 模型。龙骨、表皮划分模型如图 6.3 所示。

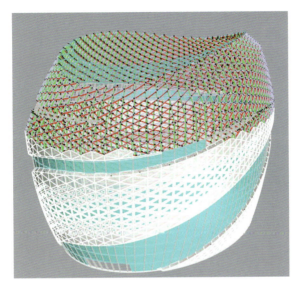

图 6.3 龙骨、表皮划分模型

3. 钢结构模型

异形项目很可能包含大型钢结构,钢结构模型(见图 6.4)由钢结构施工单位提供。钢结构施工单元提供的钢结构模型一般为 Tekla 模型,需转化为 DWG 文件。

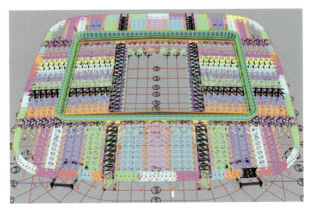

图 6.4 钢结构模型

4. 土建结构模型

土建结构模型由总包单位或者设计院提供。幕墙深化设计需重点关注土建结构模型与幕墙相连接的边界。根据项目的特点，图纸包含建筑图、幕墙招标图、结构图。

5. 点云模型

点云模型一般为现场结构模型的扫描模型（见图6.5、图6.6），一般由施工单位提供。

图6.5 扫描整个建筑点云图

图6.6 部分建筑点云模型

提取所需部位的点云模型，根据点云建立模型。

构建点云模型时需注意以下事项。

① 建筑设计师提供的模型单位一般为米，需要转化为毫米。

② 所有的模型都转化为Rhino模型。

③ 所有文件都必须带轴网，轴网最好确定一个中心点。

6.1.2 规整输入资料

规整输入资料的目的是：保持模型文件尽可能结构清晰，方便查看，保证文件尽可能小。

1. 图纸的处理

一般 CAD 图纸都包含很多多余的信息，根据项目特点及计算机硬件等因素，尽量合理地处理图纸，尽量使文件更小。图纸的处理示例如图 6.7 至图 6.10 所示。

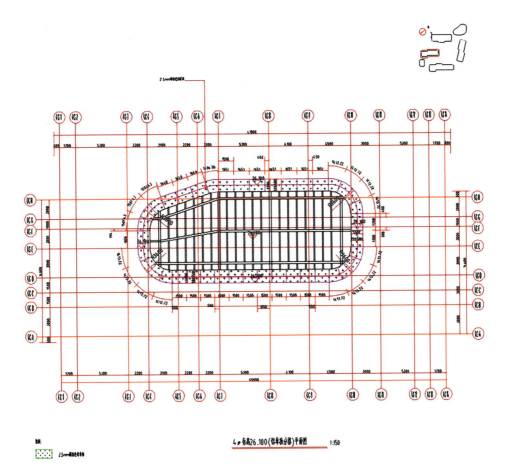

图 6.7 处理前（平面图）

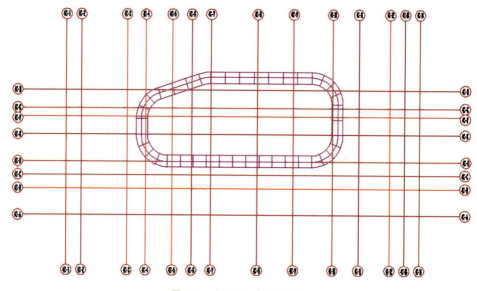

图 6.8 处理后（平面图）

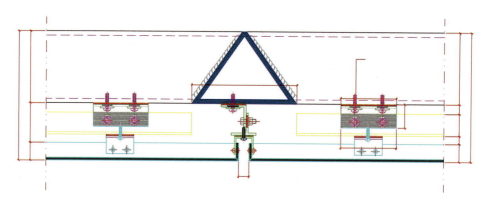

图 6.9 处理前（节点图）

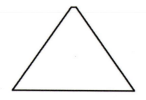

图 6.10 处理后（节点图）

2. 模型的处理

一般输入的模型都存在很多与幕墙 BIM 深化设计无关的信息。检查模型，预判哪些模型信息与自身模型设计无关，新建立一个文件，把与自身模型设计相关的文件导入新文件中，归类图层。模型的处理示例如图 6.11、图 6.12 所示。

图 6.11　模型处理前

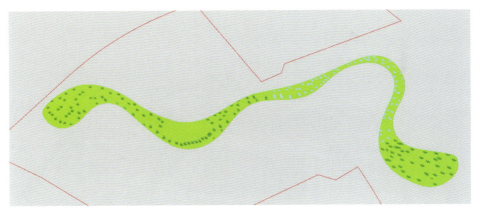

图 6.12　模型处理后

3. 模型转换

所有格式的模型都转换为 Rhino 格式的模型，并确定统一的坐标轴。

1） SketchUp 模型转换为 Rhino 模型

最简单的方法是直接在 Rhino 中打开 SketchUp 文件。

在 Rhino 中，SketchUp 文件有两种存在形式：网格和修剪过的平面。两者的区别是：网格适用于用作渲染、场景布置、观看，无须进行重大修改的模型；修剪过的平面适用于需要对物体进行修改编辑的情况。

如果在 SketchUp 中是组件状态，导入 Rhino 后会变成一个图块（block）。和 SketchUp 组件一样，图块也可以通过双击进行编辑。

转换示例如图 6.13、图 6.14 所示。

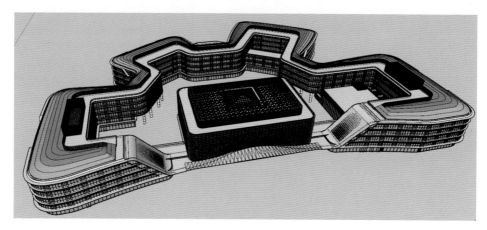

图 6.13 SketchUp 模型

图 6.14 Rhino 模型

2） DWG 模型转换为 Rhino 模型

第一步，打开 Rhino 软件；第二步，找到"文件"→"导入"选项，点击"导入"；第三步，在弹出的"导入"菜单中将文件类型选择为 CAD 格式（*.dwg）；第四步，找到要导入的 CAD 图，然后选择打开；第五步，弹出的导入选项一般默认即可，查看单位是否与导入图纸一致，没有问题点击"确定"按钮即可；第六步，此时就能看到 CAD 图已经导入 Rhino 界面了。选择"旋转"按钮可查看导入的图。

转换示例如图 6.15、图 6.16 所示。

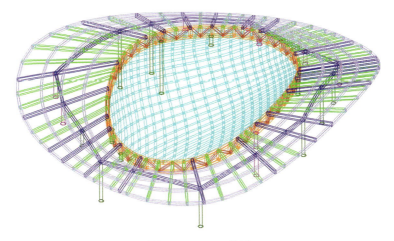

图 6.15 DWG 模型

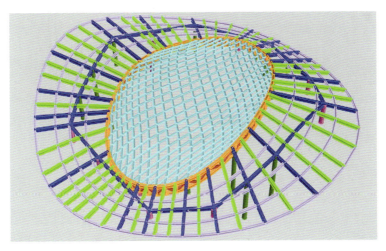

图 6.16 Rhino 模型

3）CATIA 模型转换为 Rhino 模型

方法 1：下载好需要安装的插件，Rhino 插件 Genesis 更新了两个新功能——RHtoCatia 和 CatiatoRH，主要实现 Rhino 和 CAITA 之间的数据相互传输交互的功能，相互传输时 Rhino 和 CATIA 需同时打开。

方法 2：CATIA 模型也可以通过 .stp、.igs 等格式转换到 Rhino 中。

转换示例如图 6.17、图 6.18 所示。

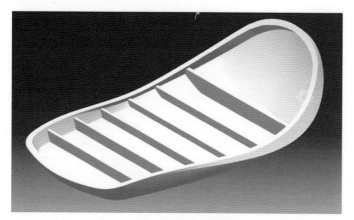

图 6.17　CATIA 模型

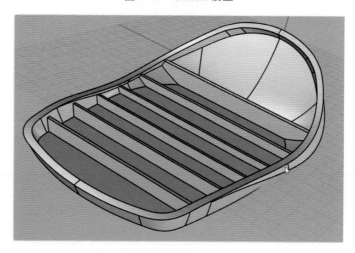

图 6.18　Rhino 模型

4）Revit 模型转换为 Rhino 模型

方法 1：首先将 Revit 模型以 FBX 格式导出，用 3ds Max 软件打开 FBX 格式的文件，然后导出 3DS 格式的文件，再导入 Rhino 中。

方法 2：如果 Revit 直接导出 DWG 格式的文件，则可以完整导入 Rhino，但是导入的模型会是网格模型，无法深入编辑，如果想导入的模型依然是 NURBS 模型，可以使用 IFC 格式。

转换示例如图 6.19、图 6.20 所示。

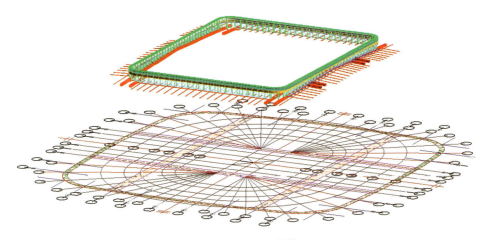

图 6.19　Revit 模型

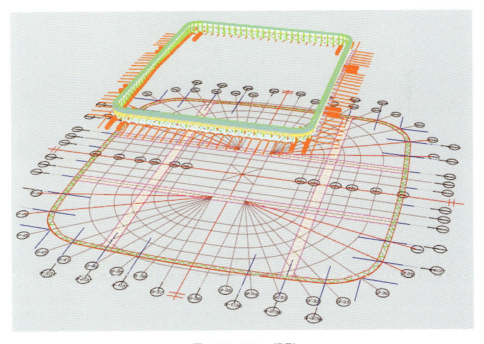

图 6.20　Rhino 模型

6.1.3 核对图纸及模型的准确性

核对图纸及模型的准确性的目的是：检查图纸与模型是否正确，保证输入文件的正确性。

输入资料CAD图纸很多时候不全，错误地方也可能有很多，比如平面图分割尺寸不一、平面图与立面图核对不上、模型中标高与图纸标高不一致等。

(1) 整理好 CAD 图纸，分别将平面图（见图 6.21）、立面图（见图 6.22）、剖面图（见图 6.23）导入 Rhino 中，并按照图层进行归类。

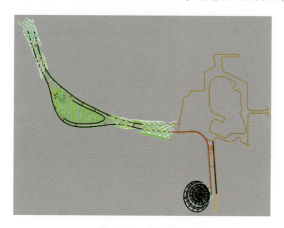

图 6.21 平面图

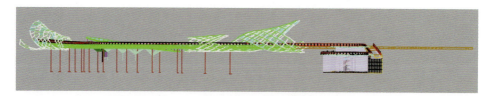

图 6.22 立面图

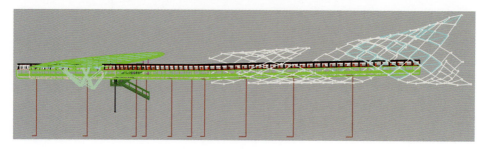

图 6.23 剖面图

(2) 检查平面图的分格是否与模型一致,如图 6.24 所示。

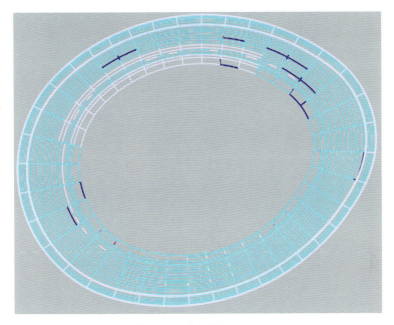

图 6.24　分格检查(1)

(3) 检查立面图的分格与模型是否一致,如图 6.25 所示。

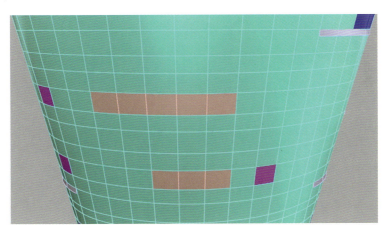

图 6.25　分格检查(2)

(4) 检查立面分格材质与模型是否一致,如图 6.26 所示。
(5) 检查剖面图与模型是否一致,如图 6.27 所示。
(6) 检查 CAD 中重要标高与模型是否一致,如图 6.28 所示。

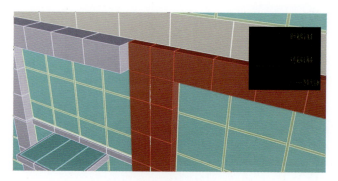

图 6.26 材质检查

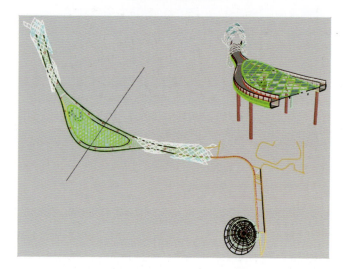

图 6.27 剖面图检查

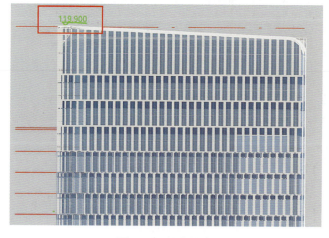

图 6.28 标高检查

找出图纸与模型中存在的问题，形成项目问题汇报报告，与项目参与方开会研讨。

6.1.4　建立大样模型

建立大样模型的目的是：验证幕墙方案的合理性，推理及模拟施工过程，找出方案不合理的地方，并提供优化后的方案模型。

大样模型示例如图 6.29 所示。

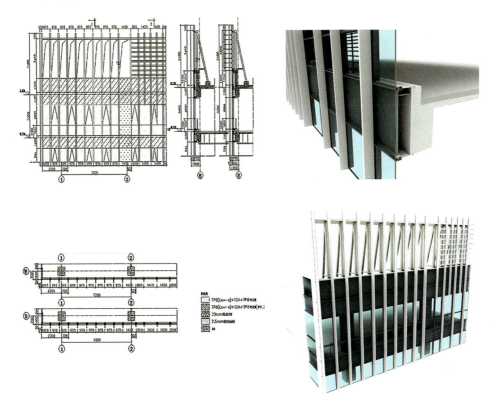

图 6.29　大样模型示例

在建立模型之后可能会出现以下问题。

（1）一种方案不满足同一系统幕墙设计空间要求。

如图 6.30 所示，幕墙表皮到结构的距离存在变化，针对此处设计不同的幕墙方案，采用 BIM 技术计算所有板块之间的距离，挑选出板块的最优设计方案。如果根据设计方案建立模型后发现局部仍然有干涉，需再局部调整方案。

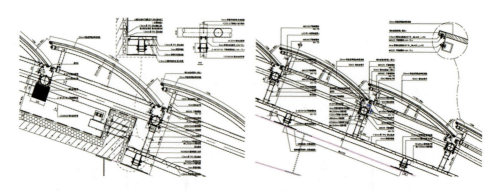

图 6.30 问题反馈（1）

(2) 设计模型典型区域与结构模型干涉。

可能需要修改结构模型，也可能需要调整幕墙曲面造型，需要多方参与讨论最终确定。

问题及其解决方案示例如图 6.31、图 6.32 所示。建筑设计师通过调整外表皮，控制表皮到钢结构之间的幕墙方案实施空间。

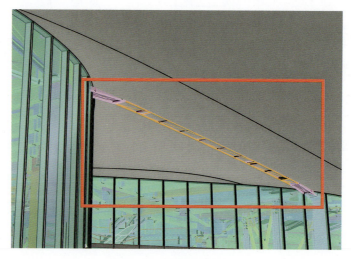

图 6.31 问题反馈（2）

6.1.5 建立第一阶段整体模型

建立第一阶段整体模型的目的是：检查系统方案是否在每个非系统交界处都适用。利用参数化设计编程，建立各个系统的模型，包括但不限于面材、主龙骨、转接件。整体模型及局部剖面示例如图 6.33 所示。

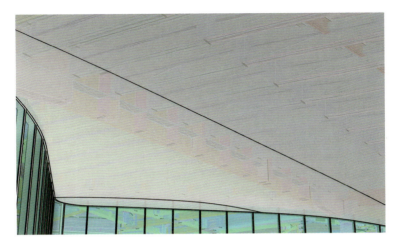

图 6.32 问题反馈（3）

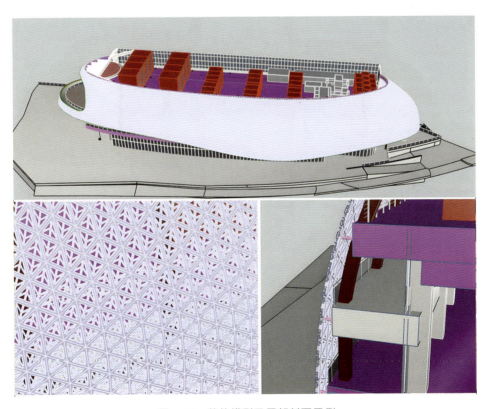

图 6.33 整体模型及局部剖面示例

6.1.6 碰撞检查

碰撞检查的目的是：检查设计方案可能没考虑到的板块问题。

结构模型调整为着色模式，幕墙模型调整为半透明模式，实施碰撞检查，方案很可能在局部板块产生碰撞，检查出问题后，形成检查报告，上报并沟通调整。

碰撞检查示例如图 6.34、图 6.35 所示。

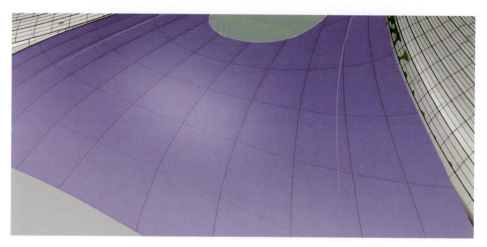

图 6.34　在着色模式下碰撞检查示例

图 6.35　在半透明模式下碰撞检查示例

6.1.7 曲面拟合优化

曲面拟合优化的目的是：缩短工期，节省成本。

在异形幕墙项目中，曲面板块的加工成本高，时间周期长，运输过程中很容易损坏，安装也不方便等。在保证整个外立面效果的情况下，尽可能采取BIM技术手段优化曲面。

(1) 双曲优化为单曲。
(2) 双曲板块进行拟合归类。
(3) 双曲优化为平面。
(4) 单曲优化为平面。

6.1.8 建立最终版模型

建立最终版模型的目的是：完成最终施工模型。

进一步完成板块内部的其他构件（包含次龙骨、背板等），完成所有收边收口处模型。收边收口处，面积不大，但是工作量很大，同时处理的方式方法比较灵活。

6.1.9 建立模型数据

建立模型数据的目的是：给模型添加信息，满足施工及运维需求。

1. 施工需求

模型建立之后整个项目非常直观，一切都可视，但是施工过程中如何应用模型呢？这时，需要借助几何信息数据，搭建模型与施工及加工之间的桥梁。

(1) 板块编号：对所有板块进行参数化编号，以方便修改及避免出错，如图6.36所示。

(2) 加工尺寸数据：快速建立加工尺寸数据。加工尺寸数据的建立采用传统的方法可能需要30天完成，采用BIM技术一般3天可完成。示例如图6.37、图6.38所示。

(3) 算量数据：提取各板块面积及龙骨长度等数据，以方便各参与方准确算量。示例如图6.39至图6.41所示。

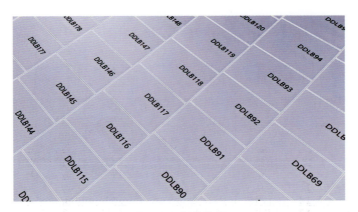

图 6.36 板块编号

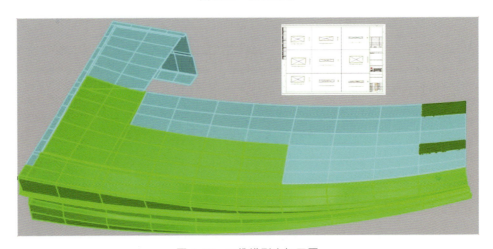

图 6.37 三维模型出加工图

板块编号	边长						板块编号	边长 A	弧半径	边长 B	边长 C	弧半径	边长 D	L1	L2
	A	B	C	D	L1	L2									
B5Z-1	2094.6	1402.9	2096.3	1489.5	2570.1	2521.0	B5H-1	2074.3	R4113.9	1091.6	1552.4	R2995.5	1094.7	2099.8	2069.2
B5Z-2	2095.0	1316.1	2096.8	1402.7	2521.2	2474.1	B5H-2	2091.2	R4095.7	1091.4	1551.6	R2995.5	1091.6	2079.4	2099.1
B5Z-3	2095.0	1229.4	2096.8	1315.9	2474.0	2429.1	B5H-3	1396.9	R3115.0	1326.1	1951.3	R4904.5	1583.1	2120.4	2246.8
B5Z-4	1622.8	1162.1	1624.2	1229.2	2035.8	1996.0	B5H-4	1472.6	R3115.0	1147.8	1951.3	R4904.5	1325.3	2047.8	2120.4
B5Z-5	1622.8	1094.9	1624.2	1161.9	1995.9	1957.6	B5H-5	1511.2	R3115.7	1089.5	1951.3	R4904.5	1147.4	2026.5	2047.5
B5Z-6	2250.2	1147.2	2250.9	1091.5	2501.0	2525.8	B5H-6	1607.3	R3115.0	1087.8	2170.5	R4204.5	1089.5	2143.5	2144.3
B5Z-7	2250.2	1203.0	2250.9	1147.4	2525.9	2551.4	B5H-7	1608.0	R3115.0	1086.5	2170.5	R4204.5	1087.8	2143.5	2143.8
B5Z-8	2095.0	1255.0	2095.6	1203.2	2415.2	2442.1	B5H-8	1589.3	R3115.0	1086.3	2171.4	R4204.5	1086.5	2144.5	2144.1
B5Z-9	2095.0	1307.0	2095.6	1255.1	2442.2	2469.2	B5H-9	1398.7	R4161.2	1766.5	1974.3	R6104.5	1789.6	2421.5	2435.5
B5Z-10	2095.0	1358.9	2095.6	1307.1	2469.3	2497.1	B5H-10	1398.6	R4115.0	1766.4	1974.2	R6104.5	1766.5	2421.6	2421.5
B5Z-11	2095.0	1410.9	2095.6	1359.1	2497.2	2525.8	B5H-11	1398.6	R4161.0	1789.5	1974.1	R6104.5	1766.5	2435.4	2421.5
B5Z-12	2095.0	1462.9	2095.6	1411.0	2525.9	2555.2	B5H-12	1888.4	R4315.0	1089.5	2366.5	R5404.5	1089.5	2363.3	2363.3
B5Z-13	1514.8	2095.6	1463.0	2555.3	1888.1		B5H-13	1888.4	R4315.0	1089.5	2366.5	R5404.5	1089.5	2363.3	2363.3
B5Z-14	2095.0	1566.8	2095.6	1515.0	2585.4	2616.1	B5H-14	1888.4	R4315.0	1089.5	2366.5	R5404.5	1089.5	2363.3	2363.3
B5Z-15	2095.0	1618.8	2095.6	1566.9	2616.2	2647.5	B5H-15	1888.4	R4315.0	1089.5	2366.5	R5404.5	1089.5	2363.3	2363.3
B5Z-16	2095.0	1670.7	2095.6	1618.9	2647.6	2679.6	B5H-16	1747.2	R4315.0	1489.5	2352.1	R5804.5	1489.5	2504.5	2504.5
B5Z-17	2095.0	1722.7	2095.6	1670.8	2679.7	2712.3	B5H-17	1746.9	R4315.0	1489.5	2351.2	R5804.5	1489.5	2504.1	2503.9

图 6.38 板块边长数据

（4）施工数据：提取施工点位坐标数据，生成 CAD 图纸，以方便现场施工人员施工。示例如图 6.42 至图 6.44 所示。

板块编号	边长				面积
	A	B	C	D	m²
QM-1	1533.8	1762.2	1523.3	1775.5	26.47388
QM-2	1568.2	1747.5	1556.7	1759	26.81829
QM-3	1607.1	1730.2	1594.5	1739.6	27.20804
QM-4	1651	1706.1	1638.5	1714.7	27.59608
QM-5	1697.1	1674.1	1685.6	1682.5	27.861
QM-6	1744.3	1638.1	1733	1646.3	28.00412
QM-7	1792.6	1604.2	1779.4	1610.8	28.11298
QM-8	1556.7	1743.5	1540.3	1762.2	26.76804
QM-9	1594.4	1731.9	1576.7	1747.5	27.21489
QM-10	1638.5	1717.4	1619.4	1730.2	27.73969
QM-11	1685.6	1693.4	1667.5	1706.1	28.18415
QM-12	1733	1661.3	1715.6	1674.1	28.44305
QM-13	1779.4	1626.2	1761.5	1638.1	28.5527

图 6.39 板块边长和面积数据

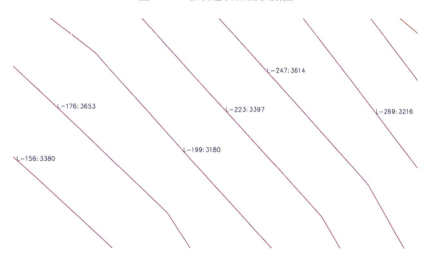

图 6.40 龙骨长度（局部）

编号	长度
L-1	1044
L-2	1023
L-3	1018
L-4	1052
L-5	1033
L-6	1017
L-7	1022
L-8	1052
L-9	1714

图 6.41 龙骨加工数据

图 6.42 施工数据

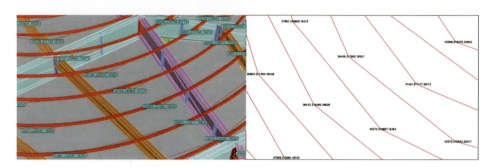

图 6.43 施工点位、关键坐标点位提取

圈数	坐标点	X	Y	Z
第一圈	P1	44230	224384	21941
	P2	45067	224030	21879
	P3	45446	222118	21836
	P4	45006	221263	21911
	P5	43795	221735	21835
	P6	43605	223683	21847
第二圈	P7	43864	227028	21776
	P8	45241	226895	21573
	P9	46507	226138	21196

图 6.44 Excel 坐标表

2. 运维需求

设备的使用有一定的年限，设备的损坏也需要维修，为了方便后期整个建筑的维护，添加运维信息就有一定的必要性。经常添加的运维信息包含材料的生产日期、厂家信息、使用年限等。

6.2 各个阶段模型交付标准

由于不同阶段所需要达到的目的不同，因此模型的构建深度不同，模型所包含的信息也不同。按照不同的要求，对模型交付标准提出相应的要求。

6.2.1 方案设计阶段

在方案设计阶段，主要对模型表皮进行分类，不同的材质用不同的颜色及图层表示，单双曲优化、制作重要系统的大样模型。大样模型的主要作用是准确表示各系统之间的构造关系，用于准确对项目成本进行预算。

表皮模型如图 6.45 所示。

图 6.45 表皮模型

6.2.2 初步设计阶段

在初步设计阶段，模型交付标准涉及完整的建筑造型曲面、曲面分割线、材质分类、结构模型、整体分割后曲面、主龙骨模型、连接件模型、重点部位的大样模型、曲面优化分析模型及数据。方案模型如图 6.46 所示。

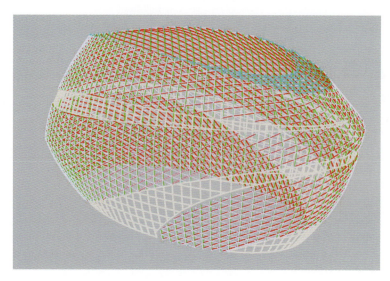

图 6.46 方案模型

6.2.3 施工图设计阶段

在施工图设计阶段,模型交付标准涉及优化后面材、切割完成后主龙骨及次龙骨、连接件、背板、预埋件等。优化模型如图 6.47 所示。

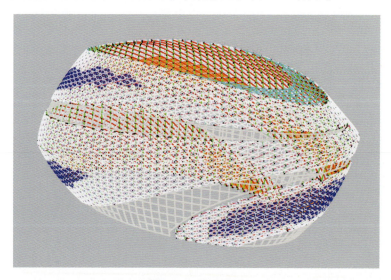

图 6.47 优化模型

6.2.4 生产加工阶段

在生产加工阶段，模型交付标准涉及对应模型输出加工数据及图纸、对构件加入编号信息、对构件进行二次处理、表达切割信息以及开孔信息，或者模型直接对接机床等方面。构件模型如图 6.48 所示。

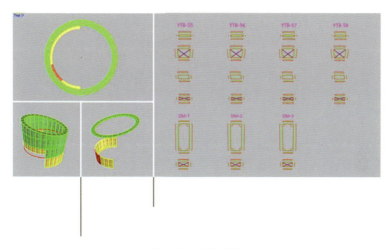

图 6.48 构件模型

6.2.5 施工阶段

在施工阶段，模型交付标准涉及所有的安装点位编号信息（见图 6.49）、点位坐标信息（见图 6.50）等。

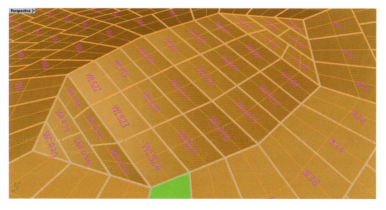

图 6.49 安装点位编号信息

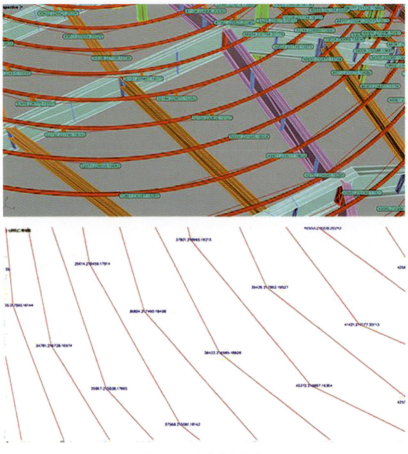

图 6.50 点位坐标信息

6.2.6 竣工移交阶段

在竣工移交阶段,龙骨模型中应包含母线,不同类型、不同规格的构件要采用不同的图层进行分类,面材模型需要有折边等。完整模型如图 6.51 所示。

6.2.7 运维阶段

在运维阶段,模型交付标准涉及优化后面材、切割完成后主龙骨及次龙骨、连接件、背板等。需要注意的是,模型如需运维,还需要添加运维信息等,此过程需要在 Revit 中完成。

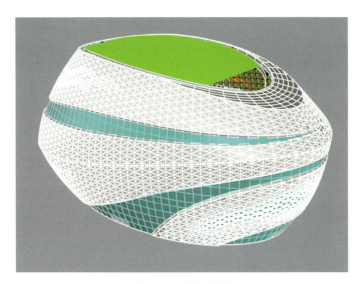

图 6.51 完整模型

07
技能部分

7.1 资源库制作

7.1.1 CAD图库

在一个整体的项目中,可能需要建立多个节点模型和大样模型,以及整体的模型。由于每次输入的CAD图纸不能直接用于Rhino中模型的创建,需要根据实际的需求提取出相应的CAD图纸,同时为了保证模型文件能够顺畅建立及传输,在不影响各方需求的情况下,尽量对构件的截面线进行修改,减少倒角等的数量,提高工作效率。

在这样的条件下,建立统一的CAD图库就很有必要了。CAD图库基于CAD原图(见图7.1)建立而成。

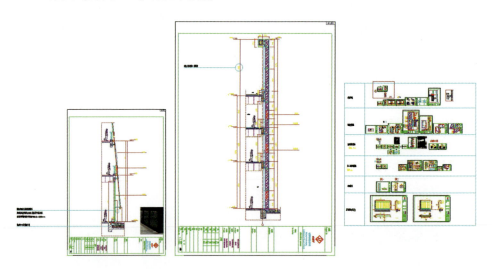

图 7.1 CAD 原图

对CAD图纸进行简化(见图7.2),然后进行分类管理,就形成了CAD图库。通过共享,各项目参与方可在CAD图库中下载所需图纸,用于进行模型的创建。

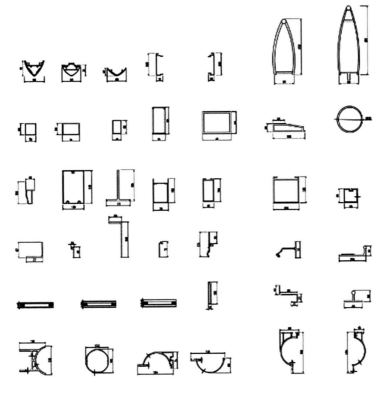

图 7.2 简化后 CAD 图纸

7.1.2 模型库

1. 建立个人模型库

为了避免重复劳动，提高工作效率，把很多典型的构件、节点、大样以及对应的效果图建立成库，节省建模时间。

构件库在 Revit 及 CATIA 建模过程中应用比较多，在 Rhino 软件平台上也有一定的应用，比如可以建立一些常用的标准构件，在节点及大样的建模过程中，比如螺钉、转接件等可以直接应用，尺寸有差别时可以通过缩放进行修改，尽量节省建模时间。构件库如图 7.3 所示，构件模型如图 7.4 所示。

图 7.3　构件库　　　　　　　图 7.4　构件模型

节点库的建立是非常有必要的，在投标、方案比选、公司内部的学习及培训中，节点库都可以用于展示。节点库如图 7.5 所示，节点模型如图 7.6 所示。

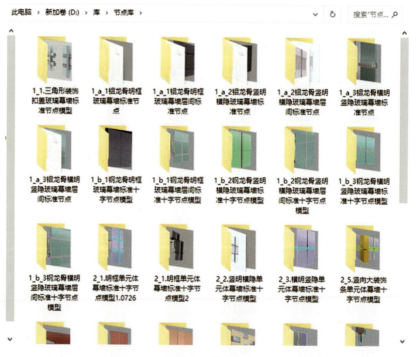

图 7.5　节点库

大样模型可以展示局部某一个区域特定系统的做法，能够清晰地表达所包含的构件及系统的连接方式，也可以体现完工后室内室外的真实情况，在投标及方案汇报的过程节省建模时间。大样库如图 7.7 所示，大样模型如图 7.8 所示。

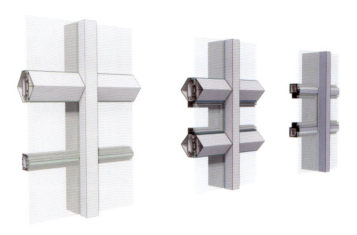

图 7.6　节点模型

图 7.7　大样库

图 7.8　大样模型

当投标时间非常紧张时，为了达到投标及汇报的效果，可以在效果图库查找类似表达效果的图片直接用于投标文件中。在非必须的情况下，利用效果图库可以不制作模型并渲染效果图，加快投标文件制作速度且节省投标成本。效果图库如图7.9所示，效果模型如图7.10所示。

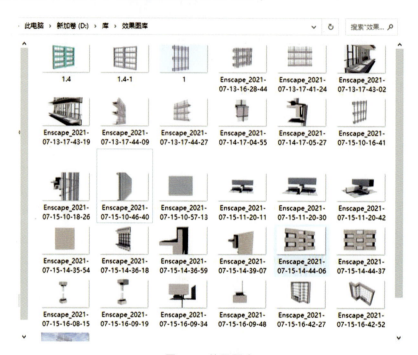

图7.9 效果图库

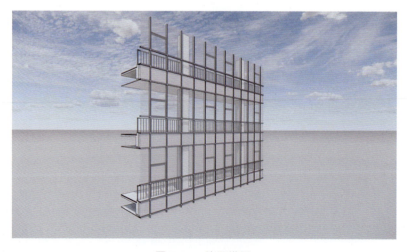

图7.10 效果模型

2. 网上下载模型

通用性的模型用作配景时，在没有图纸的情况下，可以从网上下载，经调整色调之后直接使用。这样做不仅可以节省建模时间，而且能够保证美观度。

图 7.11 至图 7.13 所示为常用的构件下载渠道。

图 7.11　Revit 构件库

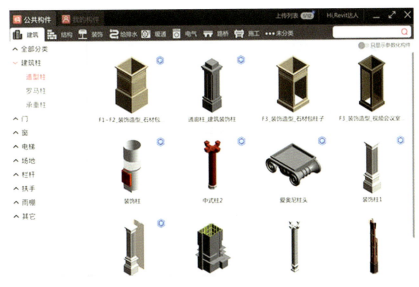

图 7.12　构件坞

图 7.13 犀流堂

7.2 模型管理

在 Rhino 中建模时,对于模型的管理主要采用以下三种方式。

7.2.1 群组方式

Rhino 群组和 SketchUp 群组不一样,在 Rhino 中建立群组之后,就可以快速选中群组中所有的物件,比如一面墙的所有竖挺、一层里的所有柱子、一个房间里的所有椅子。

7.2.2 图块方式

图块与 CAD 当中的图块具有一样的作用,所以 CAD 中的图块导入 Rhino 之后可以直接被识别。图块与 SketchUp 中的组件对标。图块的典型特点就是改一个就是改一类。图块普遍用于大批量重复构件的摆放、布置。

需要说明的是，Rhino 的图块目前还不是很完善，所以作为施工单位尽量不要使用图块。

7.2.3 图层方式

建立图层对于使用 Rhino 建模来说是非常好的一个习惯。图层的管理在很大程度上可以反映建模逻辑以及对项目的深度理解。图层没有固定的分法，可以按照建筑构件分，也可以按照功能分，以效率为分层依据。比如，需要一次性把所有墙体关掉，查看内部结构时，自然要把所有墙体放在一个 wall 图层；如果只想关闭入口大厅的墙体，而所有墙体都在一个图层，则可以再建一个子图层，在 wall 图层按照功能区分图层。

图层管理之所以能够反映出一个 BIM 设计师的设计水平，就是因为最优的图层往往建立在预判了幕墙设计师或者建筑设计师、现场施工人员的需求和想法，方便查找及提取数据的基础上。

某实际项目的图层管理如图 7.14、图 7.15 所示。

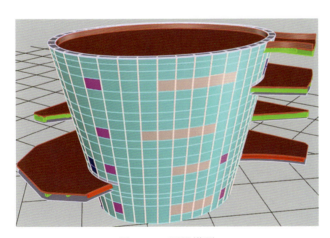 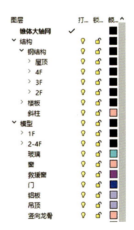

图 7.14　项目模型　　　　　　　　图 7.15　模型图层

公司或者团队协作时，宜设立一个图层模板，否则合并模型时需要重新整理图层，这样比较浪费时间，或者在整理过程中出现一些预想不到的错误。

7.3 定位系统创建

定位系统的创建很容易被初级 BIM 设计师忽视，这往往会导致后期发生重大错误。定位系统一般包含轴网体系和标高体系，轴网体系表现平面位置，标高体系表现高度方向位置。在进行 BIM 设计的过程中，需要有一个统一的轴网体系，以方便检查及对接各专业的模型文件。标高体系经常用于核对各层特殊位置的结构是否正确、快速找到某个局部高度位置的模块形式等。

轴网体系不统一可能发生的问题如下。

(1) 在对接文件过程中，需要移动模型，但是 BIM 模型又比较大，软件往往容易卡顿，导致在模型移动过程中有几毫米的差别，而后期建模过程中放大了这个误差，导致"失之毫厘，差以千里"。

(2) 没有建立统一坐标系，有可能导致文件版本过多，在提取应用一个模型的文件到另外一个模型文件中时，会发生重大的位置错误，若在赶工期的过程中没有发现该位置错误，将出现重要错误。

(3) 坐标系不统一，在对内对外的协同过程中会非常不方便，经常要核对彼此的坐标是否一致，如果不一致，在长期的过程中，会导致纠纷，也很难检查错误。

(4) 坐标系不统一会增加几方模型出现问题时，检查问题的难度。

在建模之前需要有一个轴网原始文件，此轴网的某个交点最好设置在原点位置，在使用的过程中，将轴网及标高图层锁定，以免设计过程中不经意移动了轴网，导致设计出现重要错误。

7.4 表皮模型制作

7.4.1 表皮模型的输入

输入表皮模型后，由于调整了模型而 CAD 图纸没有更新，或者 CAD 图纸制作所使用的模型版本非最终表皮模型版本，因此需要进行以下核对工作。

(1) 核对表皮的最高点,如图 7.16 所示。

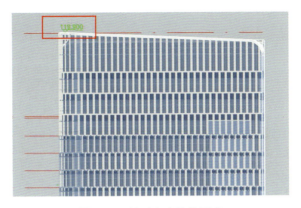

图 7.16　核对表皮的最高点

(2) 核对表皮的俯视图是否与 CAD 图纸匹配,如图 7.17 所示。

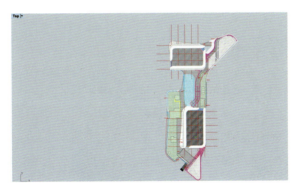

图 7.17　核对表皮的俯视图是否与 CAD 图纸匹配

(3) 核对立面是否一致,如图 7.18 所示。

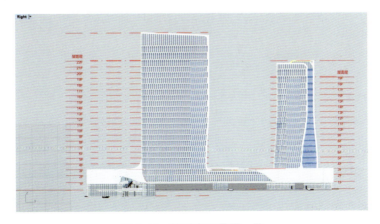

图 7.18　核对立面是否一致

(4) 核对分格缝是否一致，如图 7.19 所示。

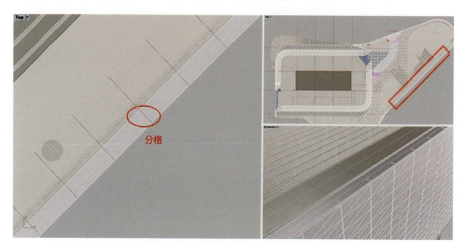

图 7.19　核对分格缝是否一致

7.4.2　表皮模型的整体调整

在以下情况下，需要整体调整表皮模型。
(1) 整体表皮按照幕墙方案无法实施。
当整体表皮按照幕墙方案无法实施时，往往需要对表皮模型进行调整。
(2) 表皮与结构之间空间不够，甚至部分区域存在干涉。
导致这个问题出现的原因往往是为满足各专业要求以及在优化外观的过程中多次调整表皮。一般遇到这种情况，建筑设计师会调整表皮，以解决干涉问题。
(3) 在特殊情况下，施工方 BIM 设计师可能会进行表皮的调整。

7.4.3　表皮模型的分割

分割表皮可以利用 Rhino 中的分割命令，也可以利用 Grasshopper (GH) 程序。通常来说，为了避免计算机卡顿和死机，一般使用 Rhino 来进行表皮的分割。

在进行表皮分割时也会遇到很多问题，比如有些地方没有被分割到，表皮分割不完整，这往往是由分割这些地方的分割线不在表皮上导致的错误，这时应先将分割线拉回到表皮上，如图 7.20 所示。

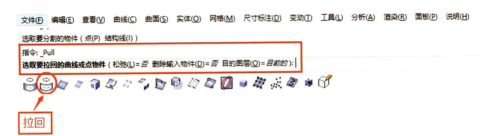

图 7.20　拉回曲线命令

将分割线拉回表皮上后再使用分割命令（见图 7.21）完成所有板块的分割。

图 7.21　使用分割命令分割表皮模型

7.4.4　表皮模型板块的建立

板块的建立是指在表皮分割之后根据分缝的距离来切出分缝，可以用 Rhino 和 Grasshopper 来实现。

在 Rhino 中，可以先将板块的分割线做好，利用偏移曲线命令（见图 7.22）偏移出需要的分缝线。

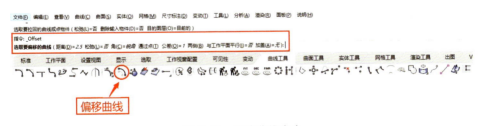

图 7.22　偏移曲线命令

分缝线设置好后，利用分割命令（见图 7.23）切出分缝即完成板块的建立。

当需要大规模建立板块时，使用这种方法效率较低，此时可以利用 Grasshopper 程序来完成板块的建立，具体做法是：先利用分割线将表皮分割出来，再将分割好的面都选入 Grasshopper 中，利用程序将分缝的线建立出来，即利用 Grasshopper 电池先提取出分割面的边线，再将边线统一在面上偏

图 7.23 使用分割命令完成板块的建立

移出分缝的距离做出分缝线，然后利用偏移后的分缝线将表皮切出分缝，提取出需要的面，即完成板块的建立。

7.5 大样模型制作

7.5.1 Rhino 的一些重要基本概念

对于新手来说，成功建立高质量的模型，不仅仅需要熟悉软件的操作方法，而且需要了解及熟悉 Rhino 软件的相关基础术语及知识常识。下面简单阐述 Rhino 软件基础知识以及 Rhino 3D 的数据类型常识。

在 Rhino 3D 中一共有五种数据类型，即点、线、面、体及网格。

线、面、体都属于 NURBS 物体。NURBS 通常被看作一种数学的等式，意味着这种物体可以非常光滑。利用这种光滑的物体能够制作出模型、渲染体、动画程序等，正如设计者可利用计算机辅助制造（CAM）系统运用线段、网格拟合出一个光滑的面，设计者利用 Rhino 3D 也能够创建出一些网格用以拟合 NURBS 物体，完成模型的制作。

注：NURBS 是一种高精度的网格面。

1. 点

点是 Rhino 3D 中最简单的数据类型，由一个小圆点表示。

2. 线

1）线的绘制

利用线菜单绘制的线段、弧、圆、随意的样条曲线等均属于 NURBS 曲线。所有的线都可以被选中、修改、删除，线可以闭合或者不闭合，也可以是二维线或者三维线。二维线、三维线如图 7.24 所示。

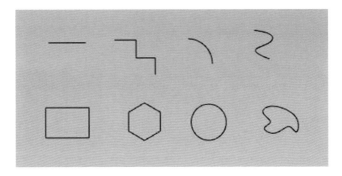

图 7.24 二维线、三维线

所有的 NURBS 面都包含线。在建模过程中经常会使用曲面边缘的线，而这些曲面边缘的线在软件中是能够提取出来的。例如：在软件中可以提取出曲面的边缘线、一个平面切割一个曲面或实体的剖面线、两个或以上曲面的交线等。从曲面上得到的线如图 7.25 所示。

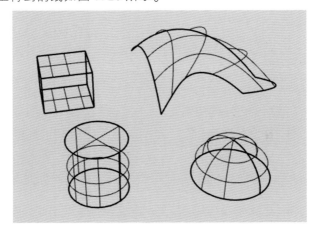

图 7.25 从曲面上得到的线

2）线的编辑

所有的线都是可以编辑的。需要编辑线时，可以把线上的节点或者控制点显示出来，使用鼠标拖动这些点，完成对线的编辑。也可以使用线的编辑工具编辑线。

注意：从曲面上得到的线与所在的曲面并没有关系，如果编辑这一类的线，可能会离开原来的曲面。

线的编辑示例如图 7.26 所示。

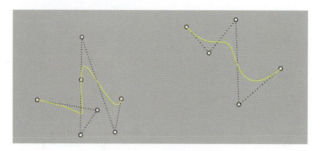

图 7.26 线的编辑示例

3. 面

1）面的创建

NURBS 物体也可以表现为面。在面菜单下，系统有许多工具用以用一些任意的曲线构成面。在系统中，可以把任意形状转化为 NURBS。

线、面、体等物体都可以表现为 NURBS。

面示例如图 7.27 所示。

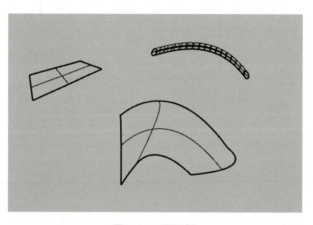

图 7.27 面示例

2）面的修剪

在 Rhino 3D 中，面是可以修剪的。在 Rhino 中，可以通过线、面、体来修剪面。对于一些命令来说，修剪过的面和没经修剪的面有不同的含义，所以，使用者必须知道面有没有经过修剪。面的修剪示例如图 7.28 所示。

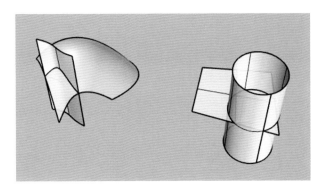

图 7.28　面的修剪示例

3）面的编辑

所有的面都可以通过移动它的控制点来达到编辑的目的。面的编辑功能在创建一些随意、有机的模型时经常用到。

注意：两个或以上的面一旦经过连接，或形成体，或形成体的一部分，就不能通过控制点来进行编辑了。

面的编辑示例如图 7.29 所示。

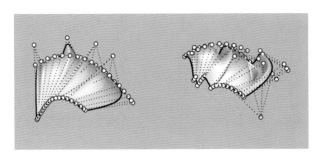

图 7.29　面的编辑示例

4）面的显示

通常看到面像一组相交的线。这些线可以帮助设计师看清楚这些曲面的形状。当选中了面后，在面上的参数线都会表现为高亮显示。一些程序称这种现象为 isoparams 或 isoparms。

4. 体和几何体

几何体并不是真正意义上的体，它可能因欠缺一个或以上的面而不能组成一个完整的体。这种几何体也被称为部分体。

1）体的创建方法

有体积的面称为体。体通常采用以下方法创建。
(1) 直接利用体菜单创建体。
(2) 将两个或以上的面连接起来创建体。
(3) 使用旋塑、放样、拉伸等命令创建体。
(4) 通过创建一个闭合的曲面创建体。

2）体的图元

可以利用体菜单直接创建具有最基本形状的体。体的图元如图 7.30 所示。

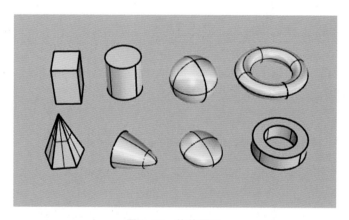

图 7.30 体的图元

3）通过连接生成体

如果两个或以上的面能够围起一个有体积的形状，那么把这些面连接起来就形成一个体。例如，由两个平面、一个圆柱面、一个圆锥面连接起来生成体，如图 7.31 所示。

4）通过连接生成几何体

如果两个或以上的面连接起来不能围起一个有体积的形状，那么这些面通过连接生成的就是一个几何体（部分体）。由三个面连接起来生成几何体如图 7.32 所示。与图 7.31 中的体相比，它没有最顶上的面。几何体看起来好像面，但它的性质是和体一样的。面的一些编辑命令能够对面进行操作，但不能对体或几何体进行操作。

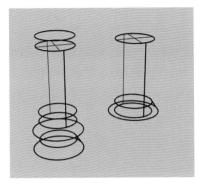
图 7.31 通过连接生成体

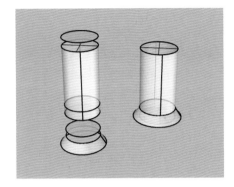
图 7.32 几何体

5）从体和几何体上提取面

体和几何体包含着许多的面。有时需要从体或几何体上提取出面，对它进行操作，并把它加入一些体中。可以使用炸开一个体或几何体来得到单个的面，或者从一些已经连接过的面中将面提取出来。

6）体和几何体的编辑

面与体和几何体的一个重要的区别在于，面可以显示它的控制点，并能够进行编辑，而体和几何体不能。所以，对体或几何体进行编辑时，可以把体上的面提取出来，对控制点进行操作，然后将这些面重新组合成体或几何体，但注意，有可能它们（经过编辑的面）已经不能形成一个体了。

7）布尔运算

在 Rhino 3D 中可以对体进行布尔运算（相加、相减、求交）。

8）面和体的区别

要确定一个物体是什么数据类型，可以采用以下方法：在命令行提示符前键入 "What"，在提示 "Choose object" 下选择需要判断数据类型的物体，这时命令行中就会显示所选物体的性质。

5. 网格

在 Rhino 3D 中，能够将所有有形状的几何物体都看作 NURBS 物体。有许多模型运用多边形的网格来代表几何体。例如，3D Studio、LighWave、FromZ、AutoCAD 中的 DXF 格式都支持多边形网格。

由于有比较多的产品都支持这种类型，因此 Rhino 3D 也可以把 NURBS 物体转换为网格，以支持 3DS、LWO、DWG、DXF、STL 等文件格式。

Rhino 3D 在网格中支持所有的三角面及四角面。

Rhino 3D 中的 NURBS 物体如图 7.33 所示，由 NURBS 物体转换而成的多边形网格如图 7.34 所示。

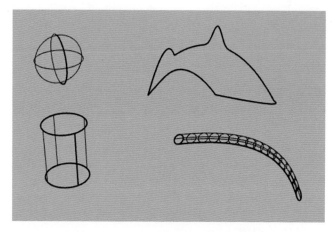

图 7.33　Rhino 3D 中的 NURBS 物体

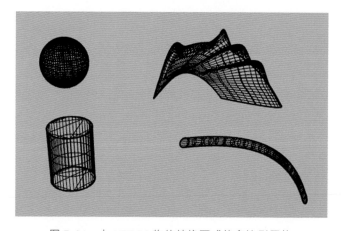

图 7.34　由 NURBS 物体转换而成的多边形网格

7.5.2　CAD 图纸的导入处理

不论项目以使用什么软件为主，CAD 都是无法绕开的软件。CAD 是广泛使用的一种软件，因此 Rhino 和 CAD 的搭配衔接工作就显得很重要，这一点体现在 CAD 图纸导入 Rhino 上。Rhino 本身是 CAM 软件，所以和 CAD

衔接得非常好，但是即便如此，稍不注意，在后期也会出现很多意想不到的问题。

CAD 图纸的导入示例如图 7.35、图 7.36 所示。

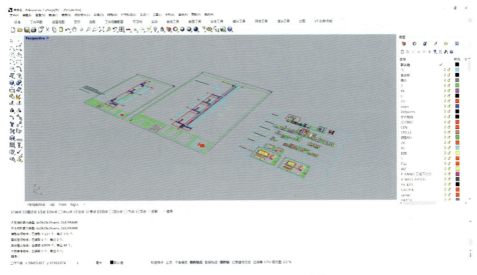

图 7.35　导入 CAD 图纸示例（1）

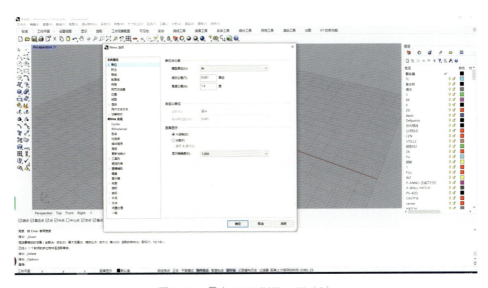

图 7.36　导入 CAD 图纸示例（2）

1. 模板选择

幕墙施工单位选择模板时单位最好是毫米，绝对公差为 0.001 mm，这里绝对公差是指在这个模板文件下可以绘制的最小距离。建筑设计师使用的单位往往是米，需要转化为以毫米为单位，这是因为大部分文件使用的单位都是毫米，特别是CAD图纸，以毫米为单位，幕墙施工BIM设计往往要精确到毫米，采用毫米为单位能够更好地进行数据分析及数据核对。图纸单位修改如图7.37所示。

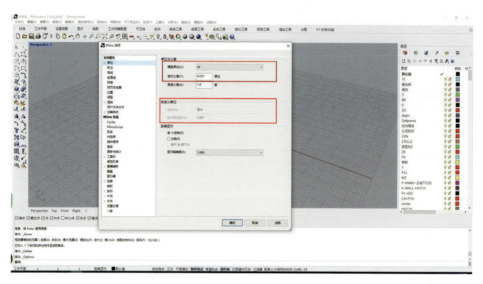

图 7.37　图纸单位修改

2. 导入设置

CAD图纸可以直接拖入Rhino界面就可以导入了。选择"导入文件"后，会出现一个面板供进行相关设置。一般的CAD图纸都是毫米为单位的，所以需要把模型和图纸的单位都设置成毫米。

另外一个需要注意的选项是设置图层材质至图层颜色，这个选项一般不用管，但是在需要勾选从Revit导入Rhino的情况下，需要选择在三维模式下导出CAD图纸，然后导入Rhino。这时如果想保留Revit中的材质信息，就需要勾选这个选项，虽然没有办法保存材质贴图，但是导入后Rhino会给所有相同材质物体赋予同一个图层颜色材质，方便后期赋予材质。可以使用"选择相同材质的物体"来选中所有相同材质物体。

CAD图纸导入有时会遇到图7.38中的具有一定高度的非平面物体，一般可以使用天正中TYBG命令，将CAD图纸中所有的物体统一到一个平面上，如图7.39所示。

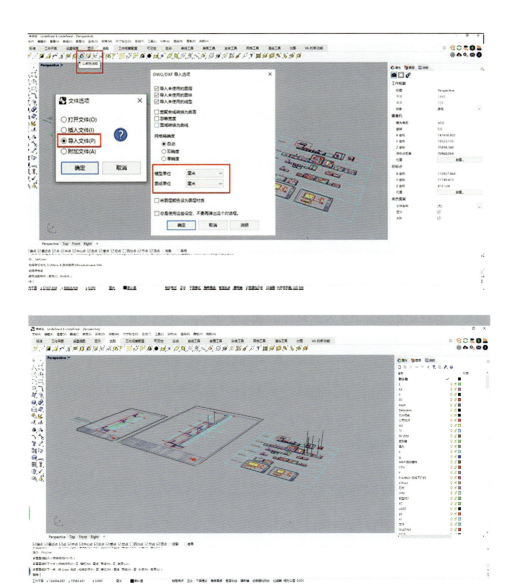

图 7.38 导入 CAD 图纸（1）

3. 尺寸标注修改

具体的尺寸标注，可以通过"选项"→"注解尺寸标注"进行修改，如图 7.40 所示。

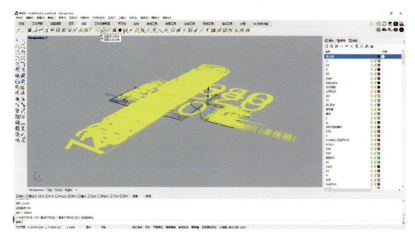

图 7.39 导入 CAD 图纸（2）

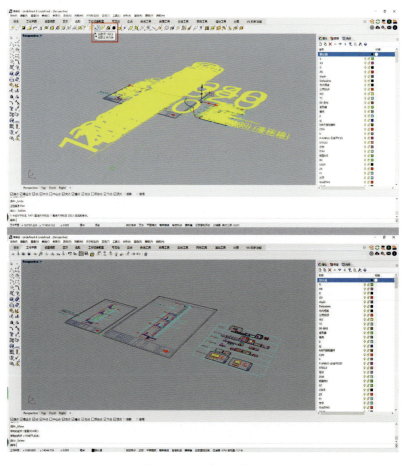

图 7.40 尺寸标注修改

4. 原点移动

将尺寸标注图框删除之后，接下来需要注意的就是要把导入的 CAD 图纸尽量移动到原点，并且尽量使工作平面可见。新手在导入 CAD 图纸时，往往 CAD 图纸导入到哪儿，就从哪儿开始建模，但是距离离原点太远或者模板选择不对，会出现很多问题，如破面、导入 Revit 报错等。另外，即便不在原点，也应尽量保证工作平面相对于模型不会太小。出于这些原因，后期出现了很多不合逻辑的问题，解决的方法就是重新打开一个有着合适模板的 Rhino，把现有的模型全选复制至 Rhino 中，然后移动到原点，再检查有无此类问题出现。原点移动如图 7.41 所示。

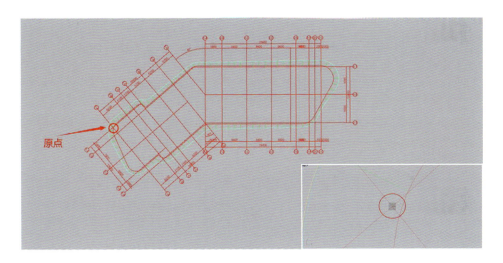

图 7.41　原点移动

5. 图块引例

大环境处理好之后，可以开始细节操作，CAD 图纸导入 Rhino 的所有图块都可以直接使用，双击就可以打开，改一个图块其他同样的图块都会跟着修改，也可以在图块管理器中选中所有相同的图块，这样能很方便地删除一些不需要的图块。需要注意的是，当这个图块是制作在某个图层上时，这个图层在这个图块被删除之前是不能被删的。图块处理如图 7.42 所示。

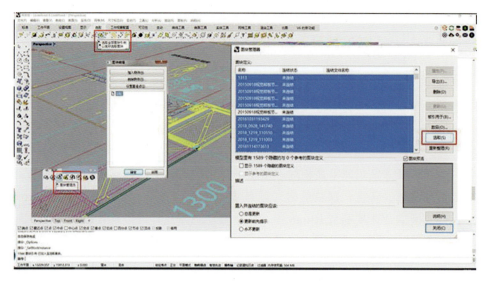

图 7.42 图块处理

6. 线型处理

如果 CAD 图纸导入后线型没有显示,则可以通过"选项"→"线型"→"模型空间线型缩放比",将模型空间线型缩放比修改成 1000 解决。Rhino 和 CAD 的线型也是完全兼容的。线型处理如图 7.43 所示。

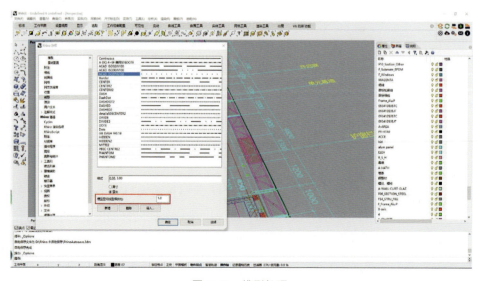

图 7.43 线型处理

7. 修改线条

线条处理的快慢在很大程度上由 CAD 制图人员决定，BIM 设计师拿到的 CAD 图纸看上去没有问题，实际上在使用过程中，可能会出现断线、线没有对齐、重线、本应封闭的线段没有封闭、本应在一个平面的线不共面等各种各样的问题。BIM 设计师往往要花费大量的时间去处理线的问题。线条处理如图 7.44 所示。

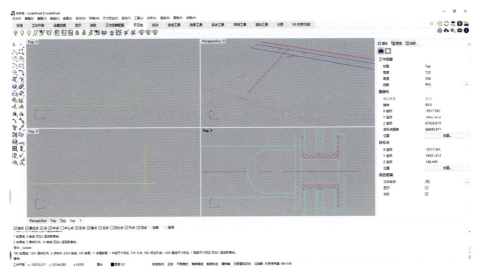

图 7.44　线条处理

8. 修改

CAD 图纸导入后，先点选重复的物件并删除。很多时候，BIM 设计师会选中重复的物件，另外还有重复部分但不是重复物件的情况。很多时候，BIM 设计师会根据线的特性，借助 Grasshopper 编写程序修改 CAD 图纸。

7.5.3　单元板块大样建模

按照构件分类描述使用的软件建模方式如表 7.1 所示。

表 7.1　各种构件类型建模方式

构件类型	建模方式
型材（主型材、附框型材、装饰条）	挤出→分割→加盖

07　技能部分

续表

构件类型	建模方式
面材（装饰面板（玻璃、胶片、金属、人造）、防火基层板、防水层）	分割表皮→偏移成实体→布尔运算
功能件（百叶、通风器、开启扇）	挤出→分割→加盖
连接件（预埋件、转接件、插芯）	挤出→分割→加盖
紧固件（螺栓、插销、压条）	建立库→三点定位
胶条（密封胶、结构胶）	挤出→分割→加盖
五金配件（限位器、把手、活页等）	建立库→三点定位

1. 主要命令

1）两点定位

两点定位命令如图 7.45 如示。

图 7.45　两点定位命令

两点定位是指以两个参考点对应到两个目标点，将物件重新定位。

两点定位步骤如下。

(1) 选取物件。

(2) 指定两个参考点。

(3) 指定两个目标点。

2）三点定位

三点定位命令如图 7.46 所示。

三点定位是指以三个参考点对应到三个目标点，将物件重新定位。

三点定位步骤如下。

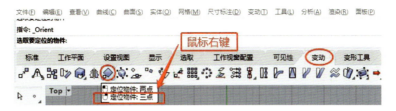

图 7.46　三点定位命令

(1) 选取物件。
(2) 指定三个参考点。
(3) 指定三个对应点。

3）挤出

挤出命令如图 7.47 所示。

图 7.47　挤出命令

挤出是指将曲线挤出来建立曲面。

挤出步骤如下。

(1) 选取一条曲线。
(2) 设定挤出的距离。

4）分割

分割命令如图 7.48 所示。

图 7.48　分割命令

分割是指以一个物件分割另一个物件。

分割步骤如下。

(1) 选取物件。
(2) 选取分割用物件。
(3) 按 Enter 键结束分割。

5）布尔运算

布尔运算联集（见图7.49）：减去选取的多重曲面/曲面交集的部分，并以未交集的部分组合成为一个多重曲面。

图7.49　布尔运算联集命令

实现步骤如下。

（1）选取数个物件。

（2）按Enter键，所有的物件会结合成一个多重曲面。

布尔运算差集（见图7.50）：以一组多重曲面/曲面减去另一组多重曲面/曲面与它交集的部分。

图7.50　布尔运算差集命令

实现步骤如下。

（1）选取要被减去的曲面或多重曲面，按Enter键。

（2）选取要减去其他物件的曲面或多重曲面，按Enter键。

布尔运算交集（见图7.51）：减去两组多重曲面/曲面未交集的部分。

图7.51　布尔运算交集命令

实现步骤如下。

（1）选取一组物件或一组相交的物件，然后按Enter键。

（2）如果选取了一组物件，再选取另一组物件并按Enter键。

布尔运算分割（见图7.52）：从第一组多重曲面减去它与第二组多重曲面交集的部分，并以交集的部分建立另一个物件。

实现步骤如下。

图 7.52 布尔运算分割命令

(1) 选取第一组物件，按 Enter 键。

(2) 选取分割用物件，按 Enter 键。

6）群组

群组命令如图 7.53 所示。

图 7.53 群组命令

群组是指以选取的物件组成一个群组。

7）阵列

阵列命令如图 7.54 所示。

图 7.54 阵列命令

阵列是指在列、行、层（X、Y、Z）几个方向复制排列物件。

阵列步骤如下。

(1) 选取物件。阵列方向为当前活动工作平面的 X、Y、Z 三个方向。

(2) 输入 X 方向的复本数，按 Enter 键。

(3) 输入 1 或更多的复制数量。

(4) 输入 Y 方向的复制数量。

(5) 输入 Z 方向的复制数量。

(6) 指定一个矩形的两个对角定义单位方块的距离（X 与 Y 方向的间隔）。

(7) 指定单位方块的高度，按 Enter 键。

(8) 按 Enter 键。

2. 图纸导入，分图层

将图纸理解清楚之后，打开 Rhino，导入大样节点图并提前分好图层，如图 7.55 所示。

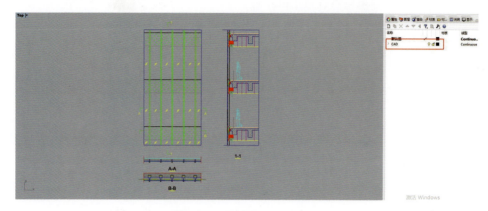

图 7.55 图纸导入，分图层

3. 图纸定位，横/纵剖节点

根据节点图十字定位点进行定位，并横/纵剖节点，如图 7.56、图 7.57 所示。

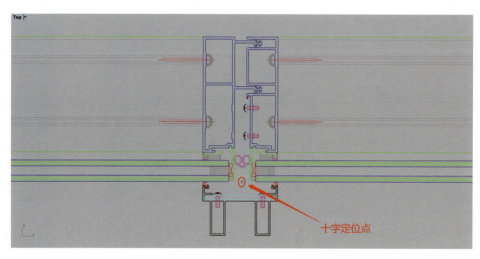

图 7.56 图纸定位，横剖节点

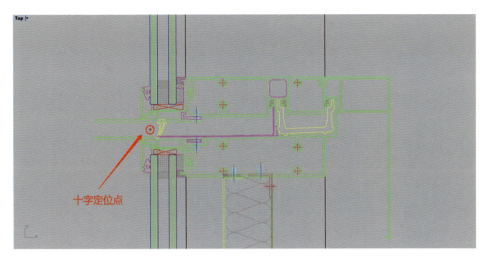

图 7.57 纵剖节点

4. 建模

根据大样图的高度,按照节点建立模型(见图 7.58)。

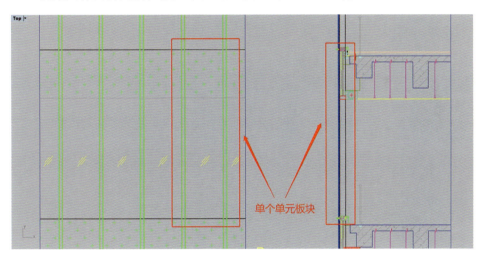

图 7.58 建模(1)

(1)建立公母型材、三分下横及巾横型材模型,组成一个主框架。

此处使用布尔运算分割命令来完成横向公型材模型的建立,横向公型材模型上表面搭接在立柱模型上,如图 7.59、图 7.60 所示。

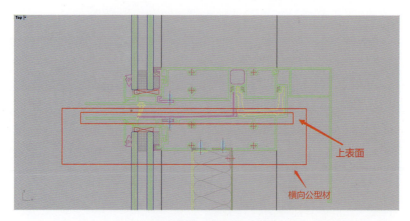

图 7.59 建模（2）

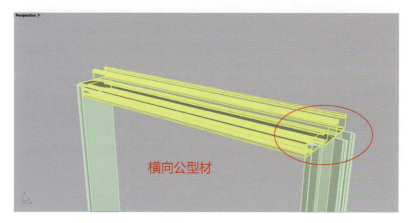

图 7.60 建模（3）

横向母型材模型介于两根立柱模型之间，如图 7.61、图 7.62 所示。

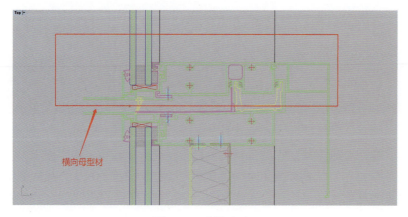

图 7.61 建模（4）

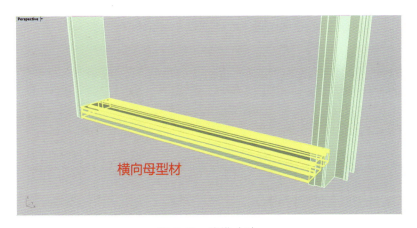

图 7.62　建模（5）

立柱要切出凹槽，如图 7.63、图 7.64 所示。

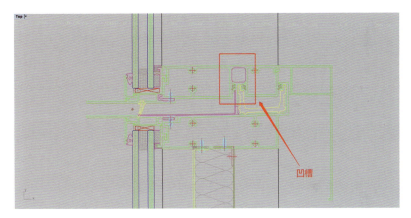

图 7.63　建模（6）

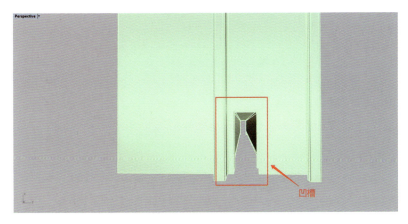

图 7.64　建模（7）

(2) 完成各项细部建模,建立一个单元板块模型,如图7.65所示。

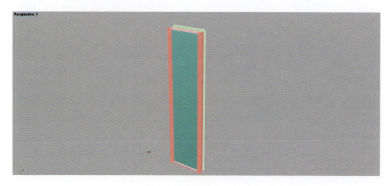

图 7.65 建模(8)

(3) 将单个单元板块模型复制组合成大样模型,如图7.66所示。

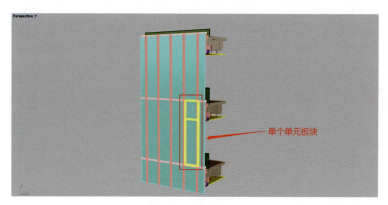

图 7.66 建模(9)

(4) 完成单元板块大样模型建立,如图7.67所示。

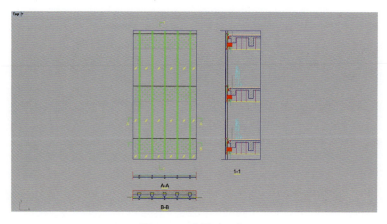

图 7.67 建模(10)

(5)信息添加,如图 7.68 所示。

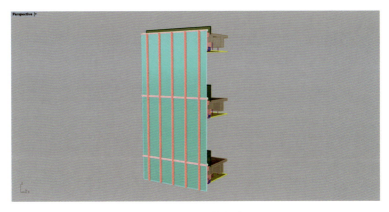

图 7.68　建模完成

7.6　施工模型制作

模型需要满足施工下料使用要求。

施工模型一般包含面材、主龙骨、次龙骨、预埋件等。

1. 准备工作

熟悉 CAD 图纸(见图 7.69),并根据定位点对齐轴网(见图 7.70)。

图 7.69　CAD 图纸

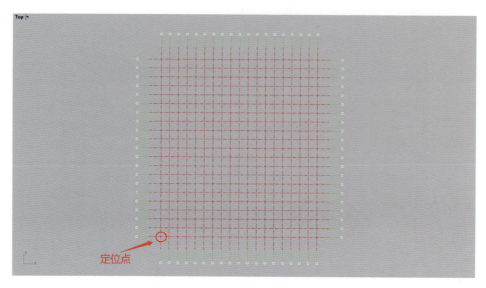

图 7.70 轴网

在使用 Grasshopper 插件进行大面模型的创建之前，应当先挑选少许板块进行 Grasshopper 程序的创建（见图 7.71），以防止板块过多导致计算机卡顿死机，并方便进行 Grasshopper 程序的完成。完成 Grasshopper 程序之后再进行大面积建模处理。

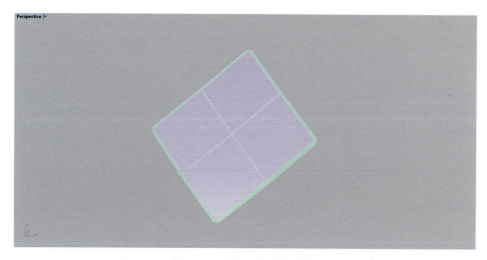

图 7.71 利用少许板块建模

2. 面材建模

面材需要根据图纸分割成最后成墙的板块。在进行面材分割之前，应先将分割线拉回到曲面上，以免发生分割不到位的问题；然后用拉回的分割线对原曲面进行分割，再将分割好的面放进 Grasshopper 中进行运算，提取边线在曲面上偏移出分缝的距离；最后用得到的偏移后的边线将原曲面进行分割得到墙的板块，如图 7.72 所示。

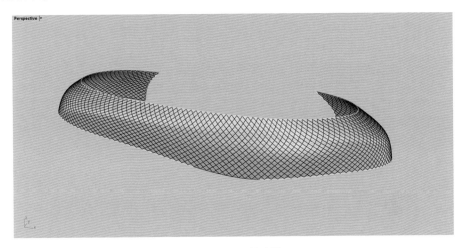

图 7.72　面材建模

3. 龙骨建模

将距离对好的龙骨线置入 Grasshopper 中进行运算。先将龙骨的轮廓线画出，再利用 Grasshopper 定位到龙骨线（见图 7.73）上，使轮廓线的方向走势沿着龙骨线，最后完成龙骨模型的建立，如图 7.74 所示。

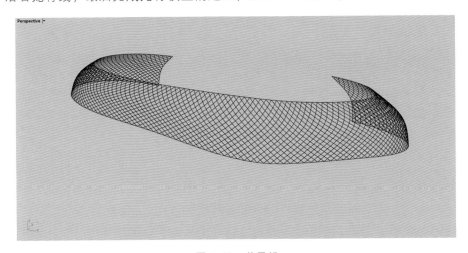

图 7.73　龙骨线

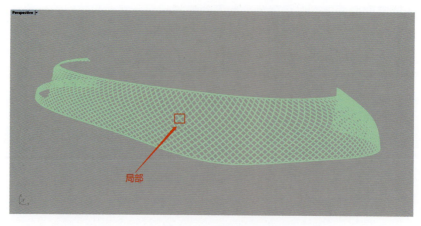

图 7.74 龙骨模型

龙骨模型局部视图如图 7.75 所示。

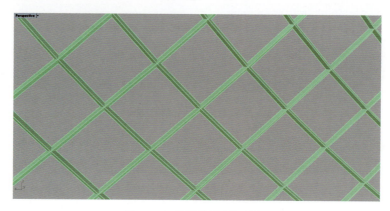

图 7.75 龙骨模型局部视图

4. 顶部、底部、交接处的修改

采用 Rhino 手动建模的方式修改顶部、底部、交接处，完成整个模型的建立，如图 7.76 所示。

5. 校核模型

校核步骤如下。

(1) 通过四个视图判断模型是否和设计相符合。

(2) 按设计要求，在关键部位测量空间距离与图纸是否符合，每个关键位置依据需要检查复核，如图 7.77、图 7.78 所示。

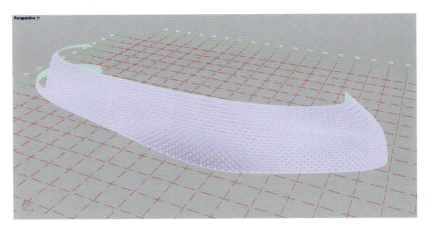

图 7.76　完成建模

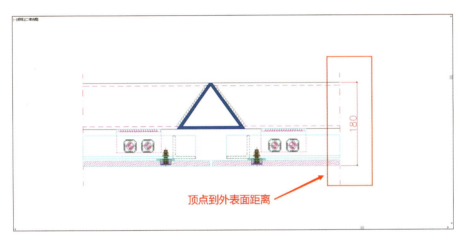

图 7.77　模型检查（1）

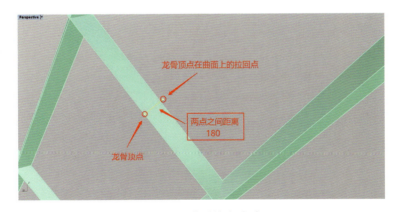

图 7.78　模型检查（2）

07　技能部分

（3）Grasshopper 编程检查所有模型，如图 7.79 所示。

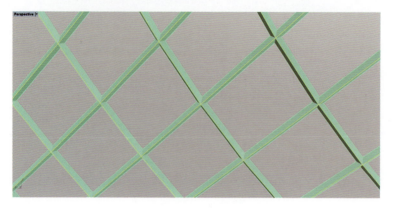

图 7.79　Grasshopper 模型检查示例

7.7　运维模型制作

图纸完全确定并对最后模型进行调整之后，业主有可能要求制作运维模型。

目前运维模型是在图纸完全确定之后，基于 Revit 平台或使用插件 Rhino Inside Revit 建立的模型。

7.7.1　基于 Revit 平台建立模型

1. 绘制标高、轴网

与 CAD 不同，Revit 首先绘制的是标高而不是轴网，然后根据标高建立各楼层。实际项目占地面积较大、构件多，在 Revit 中可以直接导入 CAD 图纸，实现快速绘制，如图 7.80 所示。

2. 绘制构件

先导入/链接 CAD 图纸，再使用 Revit 软件中的拾取线功能快速地创建构件模型，如图 7.81 所示。

图 7.80　载入 Revit 族

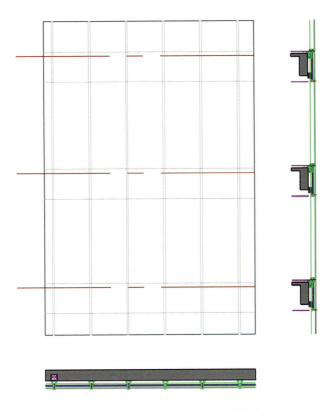

图 7.81　导入 CAD 图纸与创建构件

3. 三维模型展示

创建、布置完所需构件后，可以显示三维模型，展示构件按照图纸布置后的效果。利用三维模型可直接检查构件模型正确与否，并且也可以核验图纸的正确性。

7.7.2 使用插件 Rhino Inside Revit 建立模型

Rhino Inside Revit 是 Revit 的一个附加组件，像其他 Revit 附加组件一样，它可以将 Rhino 及其插件（如 Grasshopper）加载到 Revit 的内存中。Grasshopper 提供了一组用于与 Revit 进行交互的新组件，并使用其脚本组件提供了对两个软件 API（应用程序接口）的访问。插件 Rhino Inside Revit 建模如图 7.82 所示。

图 7.82　插件 Rhino Inside Revit 建模（1）

(1) 打开 Revit，选择 Rhino Inside Revit 插件，点击，跳转至 Rhino 界面，打开需要导入的文件，如图 7.83 所示。

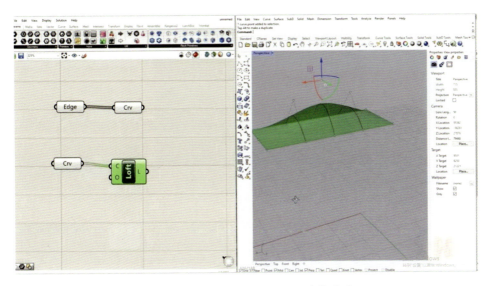

图 7.83　插件 Rhino Inside Revit 建模（2）

(2) 在 Rhino 中点击 Grasshopper，选择对应的族类型和 Revit 材质，如图 7.84 所示。此处建议在 Rhino 模型创建前就做好相应设置。

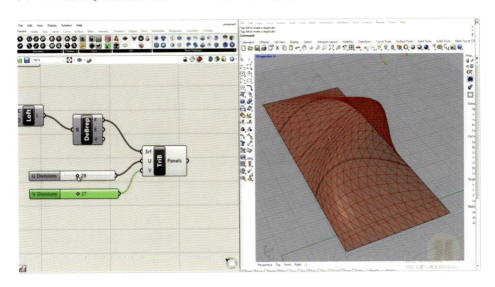

图 7.84　插件 Rhino Inside Revit 建模（3）

(3)把导入的族文件载入 Revit 项目中,即完成建模,如图 7.85 所示。

图 7.85 建模完成(局部视图)

第3篇

幕墙模型应用实务

08
实务技术目的及图纸的校核

8.1 实务技术目的

在不同的阶段需要达到的技术目的有所侧重,如表 8.1 所示。

表 8.1 不同阶段应用目标

阶段	应用目标
方案设计阶段	使用 BIM 技术对工程量进行估算,对曲面进行有理化分析,对重要幕墙系统进行方案验证
初步设计阶段	推敲优化各个系统方案并验证设计方案,制作效果图,并进行方案比选
施工图设计阶段	对曲面进行单双曲优化,进行龙骨与结构碰撞检查,并检查预埋件位置是否准确、合理,导出平面图、立面图、剖面图,导出各构件明细表
生产加工阶段	导出各个构件的三视图,添加重要构件的空位信息
施工安装阶段	对项目中重要施工环节、施工现场平面布置等施工指导措施进行模拟,提取重要安装点位的坐标信息并导出 Excel 表格及 CAD 图纸
竣工移交阶段	完成整体模型,按照施工结算的要求,对模型进行一定的调整,准备算量
运维阶段	将非几何数据添加到模型构件中,并对接到运维平台进行运营维护

8.2 图纸的校核

模型应用的第一步,是校核图纸的准确性。在设计过程中,图纸或多或少都存在问题,使用模型来校核图纸的准确性一目了然。

图纸校核的主要内容如下。

(1) 平面图与模型是否一致:检查表皮的外边缘线及分格是否图模一致,需要将平面图导入模型中,并摆放到正确的空间位置,然后进行检查。

（2）立面图与模型是否一致：检查表皮的外边缘线及分割是否图模一致，需要将立面图导入模型中，并摆放到正确的空间位置，然后进行检查。

（3）结构图与模型是否一致：检查与幕墙系统相交接的结构的外表皮是否一致，需要将结构图导入模型中，并摆放到正确的空间位置，然后进行检查。

09
设计协调

传统的沟通协调，需要填写很多文档，用到 CAD 图纸及很多图片。在沟通过程中，需要专业的设计人员进行讲解，且在各个文件之间进行切换，让人眼花缭乱。模型相比于传统的二维设计更加直观，一个三维模型相当于集成了传统的建筑图、结构图、平面图、立面图、大样图、节点图等，在模型上沟通更加方便准确。

9.1　外部协调沟通

外部协调沟通的内容包括完成效果、节能要求、主要性能参数、成本、施工组织、专项施工方案。

对于业主来说，对建筑的理解，与设计方、施工方的沟通，特别是空间体验都是相当重要的，这直接决定了建筑的发展方向。建立建筑信息模型后，可以很方便地引入虚拟现实技术，实现在虚拟建筑中的漫游。

业主以前主要是通过平面图、立面图、建筑模型、效果图及各种媒体广告来了解建筑，而如今借助基于建筑信息模型的虚拟漫游技术，可进入虚拟建筑中的任何一个位置，亲身感受建筑空间，实时查询信息。

BIM 使建筑、幕墙、结构、给排水等各个专业基于同一个模型进行工作，从而使真正意义上的三维集成协同设计成为可能。在二维图纸时代，各个专业的协调是一项烦琐费时的工作，做得不好会经常引起施工中的反复变更。而 BIM 将整个设计整合到一个共享的建筑信息模型中，幕墙专业与其他专业如结构、设备、机电等的冲突会直观地显现出来，工程师可在三维模型中随意查看，并且能准确查看到可能存在问题的地方，及时调整自己的设计，从而极大地避免了施工中的浪费，使得设计修改更容易。

业主的商务部门可根据 BIM 模型计算所有的材料成本，保证总体价格的准确性和及时性。

业主相关人员在项目施工过程中，可通过基于 BIM 的协同平台，对现场的进度进行观察，对比项目进度计划表，根据现场突发情况及时调整施工组织方案等。

9.2 内部协调沟通

内部协调沟通的内容包括系统优化、成本测算、施工工艺。

对参与幕墙设计的设计人员来说，突破 2D 限制，进行可视化的建筑设计，实现设计师之间的理解和即时沟通，能够更好地优化各个系统，并对重要系统安装进行模拟，提高施工工艺水平，对准确反映设计意图和保证施工质量都有重要的意义。

设计师配合商务部门进行成本精准核算，可根据 BIM 模型计算所有的材料成本，保证总体价格的准确性。

在幕墙项目施工中，施工人员可以通过 BIM 模型的可拓展性，将 4D（时间）、5D（成本）等更多维度纳入 BIM 模型中，进行施工进度模拟、成本管控、现场布置、物料配比等动态仿真，实现实时管控。同时，基于 BIM 的协同平台，将上述信息以报表的形式导出并发送到平台之中，实现信息共享，基于网络实现文档、图档和视档的提交、审核、审批及利用。

9.3 碰撞检查

以往的传统 2D 工作模式往往需要设计人员对很多张图纸进行套叠——排查，不但费时费力，还对核查人员的工作能力、经验以及空间想象力有很高的要求，经常是花费了九牛二虎之力还是有一大堆的错漏碰缺。

通过直观的三维信息化模型，在前期可以进行可视化的碰撞检查，并自动生成碰撞报表，优化工程设计方案，减少在建筑施工阶段可能存在的错误损失和返工的可能性。

10

基于 BIM 模型的出图

CAD 中没有注解点这个概念，所以必须把注解点转化成普通的文字。Rhino 中对应的命令是 ConvertDots。

需要注意的是，在"AutoCAD 导出配置"对话框要选择项目约定的版本标准，并确保曲线导出为自由曲线。导出配置示例如图 10.1 所示。

图 10.1　CAD 图纸导出配置示例

10.1　导出平面图

选中所需导出的模型，采用 Rhino 中 make2d 命令使其生成平面图，再将生成的平面图导出成 CAD 平面图，如图 10.2 至图 10.7 所示。

图 10.2　Rhino 命令栏说明

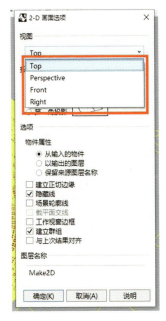

图 10.3 make2d 命令

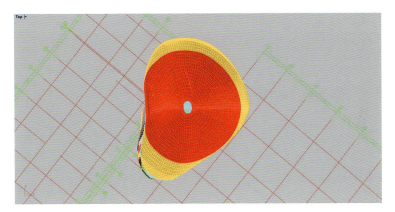

图 10.4 Rhino Top 视图

图 10.5 保存为 DWG 类型

10 基于 BIM 模型的出图

图 10.6　DWG 文件导出配置

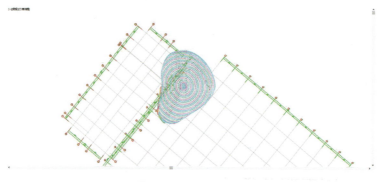

图 10.7　CAD 平面图

10.2　导出立面图

选中所需导出的模型，采用 Rhino 中 make2d 命令使其生成立面图，再将生成的立面图导出成 CAD 立面图，如图 10.8、图 10.9 所示。

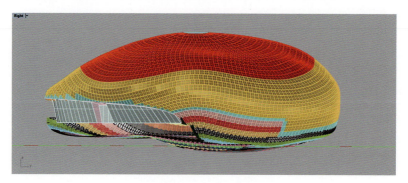

图 10.8　Rhino 立面图

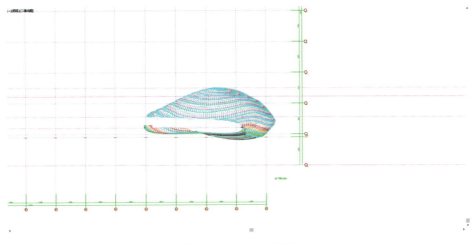

图 10.9 CAD 立面图

10.3 导出剖面图

先做好剖开模型的剖切面，再采用 Rhino 中 make2d 命令使其生成剖面图，再将生成的剖面图导出成 CAD 剖面图，如图 10.10 至图 10.13 所示。

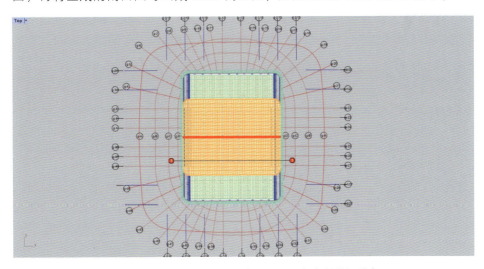

图 10.10 Rhino Top 视图（红色注释点为剖线标注）

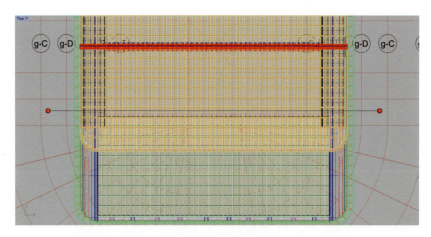

图 10.11　局部图

图 10.12　Rhino 局部剖面图

图 10.13　CAD 局部剖面图

10.4 生成加工图

对分割好的铝板进行编号处理,对排序好的铝板进行尺寸标注,然后将完成的加工图导出成 CAD 加工图,如图 10.14 至图 10.17 所示。加工图 Excel 数据表如图 10.18 所示。

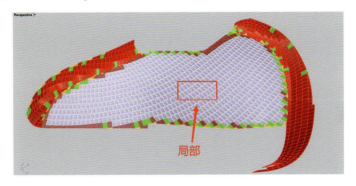

图 10.14　Rhino 三维视图

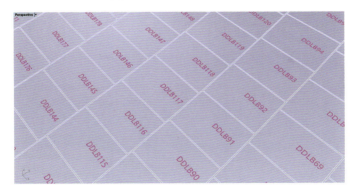

图 10.15　局部放大图

图 10.16　Rhino 局部加工图

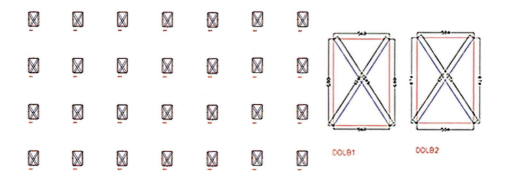

图 10.17 CAD 加工图

	A	B	C	D	E	F	G	H
1			边长			对角线		面积
2	编号	AB	BC	CD	AD	AC	BD	
3	DDLB1	560	885	560	885	1046	1049	0.495774
4	DDLB2	584	874	584	874	1051	1051	0.510335
5	DDLB3	585	874	586	875	1052	1053	0.512132
6	DDLB4	560	875	560	872	1038	1037	0.489148
7	DDLB5	560	872	559	863	1035	1030	0.485586
8	DDLB6	583	919	585	921	1091	1089	0.537206
9	DDLB7	583	921	586	914	1090	1085	0.535991
10	DDLB8	583	913	585	899	1082	1074	0.529099
11	DDLB9	582	899	582	884	1069	1060	0.519096
12	DDLB10	581	884	581	877	1059	1051	0.511636
13	DDLB11	583	877	583	883	1059	1052	0.512827
14	DDLB12	544	883	560	891	1044	1046	0.489503
15	DDLB13	552	892	560	903	1051	1060	0.498661
16	DDLB14	580	867	581	865	1041	1044	0.502639
17	DDLB15	580	864	582	864	1041	1041	0.502075
18	DDLB16	579	864	584	869	1046	1041	0.503939
19	DDLB17	580	869	584	878	1055	1045	0.508356
20	DDLB18	580	878	582	887	1063	1051	0.513182
21	DDLB19	585	887	583	892	1069	1059	0.519279
22	DDLB20	590	892	588	881	1070	1059	0.522117
23	DDLB21	582	881	579	875	1057	1048	0.50963
24	DDLB22	582	875	580	882	1055	1052	0.510792
25	DDLB23	560	882	560	889	1050	1046	0.496047
26	DDLB24	569	890	560	900	1055	1060	0.505078
27	DDLB25	584	883	578	881	1056	1056	0.512412
28	DDLB26	583	881	579	878	1054	1054	0.51102
29	DDLB27	582	878	580	875	1052	1052	0.509226
30	DDLB28	581	875	582	872	1049	1049	0.507451
31	DDLB29	580	872	582	868	1047	1045	0.505304
32	DDLB30	579	868	581	866	1045	1042	0.503035
33	DDLB31	579	866	580	866	1044	1040	0.501564
34	DDLB32	579	866	580	868	1044	1040	0.5013
35	DDLB33	588	868	586	882	1059	1048	0.51344
36	DDLB34	593	882	590	878	1066	1055	0.520728
37	DDLB35	584	878	579	873	1052	1050	0.5092
38	DDLB36	584	873	579	879	1050	1053	0.509485
39	DDLB37	585	880	584	885	1054	1062	0.515481
40	DDLB38	560	885	560	890	1046	1053	0.496908
41	DDLB39	560	890	560	901	1050	1062	0.501252
42	DDLB40	585	884	574	882	1057	1056	0.511757
43	DDLB41	584	882	576	881	1056	1055	0.511129
44	DDLB42	583	881	577	879	1055	1053	0.510303

图 10.18 加工图 Excel 数据表

10.5 导出板块编号图

对分割好的铝板进行编号处理，然后将完成的板块编号图导出成 CAD 板块编号图，如图 10.19 至图 10.21 所示。

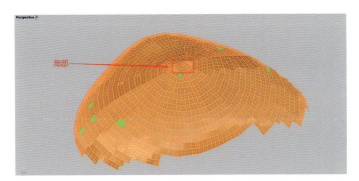

图 10.19　Rhino 三维视图

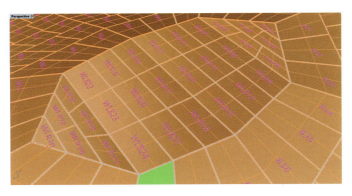

图 10.20　局部图

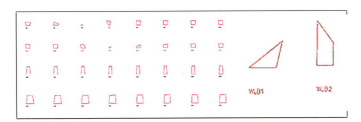

图 10.21　CAD 板块编号图

10.6 根据需要导出龙骨布置图

选中所需导出的模型,采用 Rhino 中 make2d 命令使其生成龙骨布置图,再将生成的龙骨布置图导出成 CAD 龙骨布置图,如图 10.22 至图 10.24 所示。龙骨长度 Excel 数据表如图 10.25 所示。

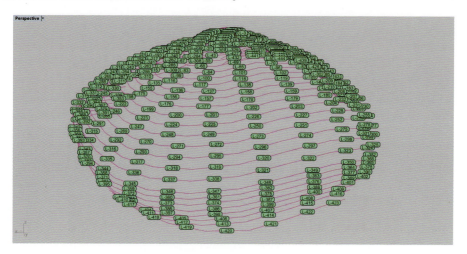

图 10.22　Rhino 三维视图

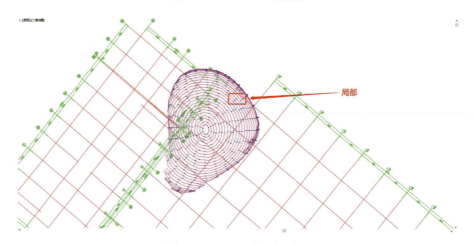

图 10.23　CAD 龙骨布置图

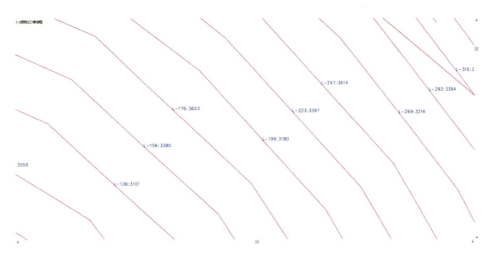

图 10.24 局部图

	A	B	C	D
1	编号	长度		
2	L-1	1044		
3	L-2	1023		
4	L-3	1018		
5	L-4	1052		
6	L-5	1033		
7	L-6	1017		
8	L-7	1022		
9	L-8	1052		
10	L-9	1714		

图 10.25 龙骨长度 Excel 数据表

10.7 导出龙骨支座定位图

选中所需导出的模型，采用 Rhino 中 make2d 命令使其生成龙骨支座定位图，再将生成的龙骨支座定位图导出成 CAD 龙骨支座定位图，如图 10.26 至图 10.29 所示。龙骨支座定位 Excel 数据表如图 10.30 所示。

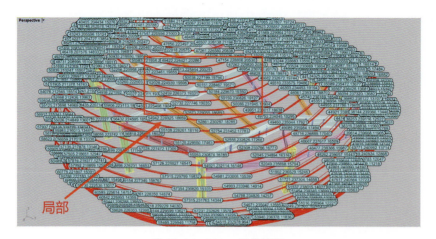

图 10.26 Rhino 三维视图

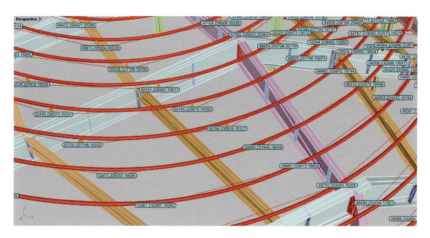

图 10.27 局部图

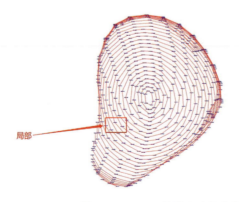

图 10.28 CAD 龙骨支座定位图

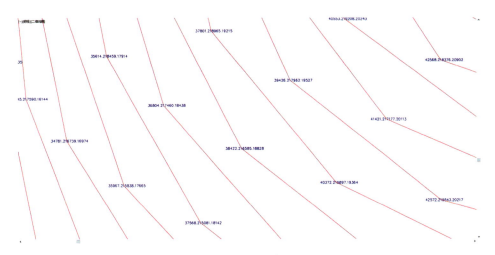

图 10.29 局部图

	圈数	坐标点	X	Y	Z
1	圈数	坐标点	X	Y	Z
2	第一圈	P1	44230	224384	21941
3		P2	45067	224030	21879
4		P3	45446	222118	21836
5		P4	45006	221263	21911
6		P5	43795	221735	21835
7		P6	43605	223683	21847
8	第二圈	P7	43864	227028	21776
9		P8	45241	226895	21573
10		P9	46507	226138	21196

图 10.30 龙骨支座定位 Excel 数据表

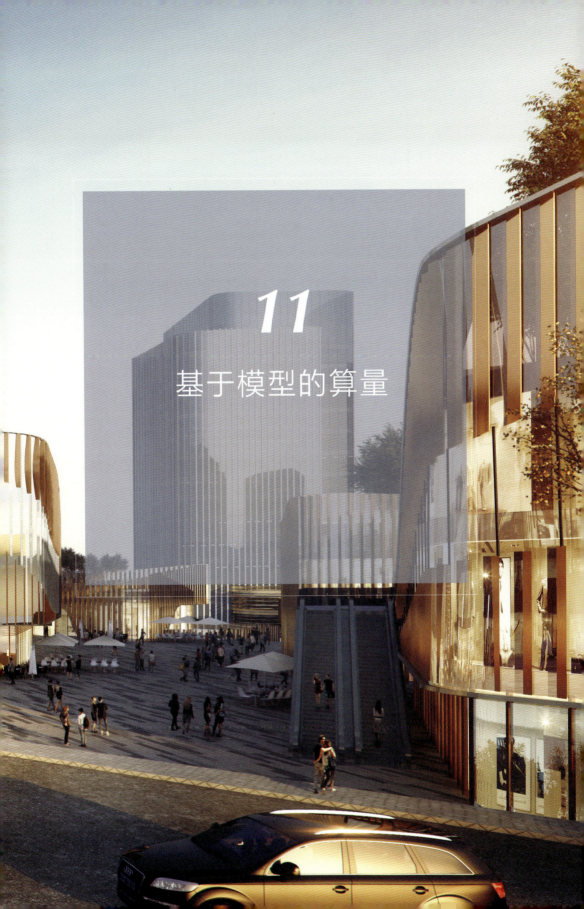

11
基于模型的算量

各类构件的算量统计方式如表 11.1 所示。

表 11.1　不同构件类型统计方式

构件类型	统计方式
型材（主型材、附框型材、装饰条）	统计型材母线长度
面材（装饰面板、防火基层板、防水层）	统计外表皮面积
功能件（百叶、通风器、开启扇）	统计类型及数量
连接件（预埋件、转接件、插芯）	统计类型及数量
紧固件（螺栓、插销、压条）	统计对应构件的数量
胶条（密封胶、结构胶）	计算与之接触的面材长度
五金配件（限位器、把手、活页等）	计算对应位置的个数（比如 1 个开启扇包含 1 个把手，统计开启扇个数即可）

图 11.1 就是根据模型按照商务要求进行分类算量，不同的公司通过图层及颜色的分类进行管理，对曲面的材质类型及单双曲类型都进行了分类统计、精准算量，以保证工程造价的正确性。

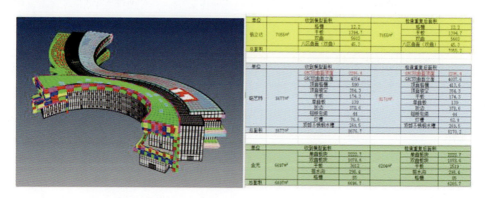

图 11.1　曲面分类模型和 Excel 数据表

12

下料、加工图

根据多边形各个边长及各边对应的线的边长确定多边形的形状，在 Rhino 软件中创建输出参数（包括面板的各个边长、弧长尺寸、对角线编号、角度等）。示例如图 12.1 至图 12.6 所示。

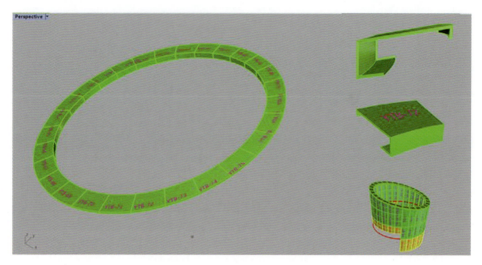

图 12.1　顶部包板下料加工图

图 12.2　CAD 出图

图 12.3　CAD 出图局部图

将所需模块选入 Grasshopper 中，按顺序提取角点，通过三点定位把模块有顺序地定位到工作平面，对弧面进行摊平，按顺序对平面面板进行边长、弧长、半径、对角线等尺寸标注。通过 Grasshopper 的电池组件指令，将模块按照一定的逻辑连接起来，使算法自动生成结果，最后导出面板参数的加工数据图。

板块编号	边长 A	弧半径 A	边长 B	边长 C	弧半径 C	边长 D	L1	L2	面积 m²
B1H-1	2074.1	R4112.9	1091.6	1550.2	R2995.5	1094.6	2099.1	2067.6	1.98
B1H-2	2088.2	R4095.3	1091.4	1550.5	R2995.5	1091.6	2078.6	2096.6	1.99
B1H-3	1396.9	R3115.0	1326.1	1951.3	R4904.5	1583.1	2120.8	2246.8	2.41
B1H-4	1472.6	R3115.0	1147.8	1951.3	R4904.5	1325.3	2047.8	2120.4	2.09
B1H-5	1511.2	R3115.7	1089.5	1951.3	R4904.5	1147.4	2026.8	2047.6	1.92
B1H-6	1607.3	R3115.0	1087.8	2170.5	R4204.5	1089.5	2143.8	2144.3	2.06
B1H-7	1608.0	R3115.0	1086.5	2170.5	R4204.5	1087.8	2143.5	2143.8	2.05
B1H-8	1589.3	R3115.0	1086.3	2171.4	R4204.5	1086.5	2124.8	2144.2	2.04
B1H-9	1398.3	R4160.9	1973.6	2421.5	R6104.5	1789.6	2421.5	2435.3	3.00
B1H-10	1402.5	R4115.0	1766.4	1974.7	R6104.5	1766.5	2421.7	2421.7	2.98
B1H-11	1398.0	R4160.5	1789.5	1973.5	R6104.5	1766.5	2434.9	2421.0	2.99
B1H-12	1889.3	R4315.0	1089.5	2367.7	R5404.5	1089.5	2364.5	2364.2	2.32
B1H-13	1888.4	R4315.0	1089.5	2366.5	R5404.5	1089.5	2363.3	2363.3	2.32
B1H-14	1888.4	R4315.0	1089.5	2366.5	R5404.5	1089.5	2363.3	2363.3	2.32
B1H-15	1888.4	R4315.0	1089.5	2366.5	R5404.5	1089.5	2363.3	2363.3	2.32
B1H-16	1747.2	R4315.0	1489.5	2352.1	R5804.5	1489.5	2504.5	2504.5	3.05
B1H-17	1746.0	R4315.0	1489.5	2350.3	R5804.5	1489.5	2503.3	2503.3	3.05

图 12.4　Excel 出图数据

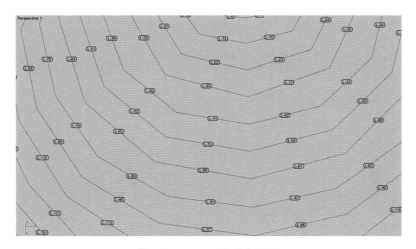

图 12.5　Rhino 龙骨布置图

编号	长度
L-1	1044
L-2	1023
L-3	1018
L-4	1052
L-5	1033
L-6	1017
L-7	1022
L-8	1052
L-9	1714
L-10	1682
L-11	1663
L-12	1713
L-13	1698
L-14	1655

图 12.6　龙骨长度 Excel 数据表

13

可 视 化

根据应用阶段的不同，需要有一定的可视化应用成果，如表 13.1 所示。

表 13.1　不同阶段可视化应用成果要求

应用阶段	可视化应用成果
方案	模型可视化、效果图渲染可视化
施工图	模型可视化、设计可视化、效果图渲染可视化
投标	模型可视化、效果图渲染可视化、视频动画制作可视化
施工深化	模型可视化、设计可视化、施工组织可视化、施工进度可视化
竣工移交	轻量化模型浏览、信息模型可视化

信息模型可视化的目的与意义如下。

(1) BIM 模型可视作一个大型的建筑信息库，在建筑开始施工之前，可以检视所有的建筑空间以及里面的相关设备和设施，甚至是动态仿真施工和后期的运营维护，从而更直观、快速、正确地看到建筑物实际完成后可能会产生的问题，了解未来工程的全貌及预计施工的过程，提前预防问题的产生。

(2) 可视化的应用较为广泛。BIM 模型在计算机上动态且直观地仿真展示出情景，不仅可以检视设计的正确性，还可以辅助建设单位更客观、准确地做出决策。

(3) 可视化是设计师与非专业人员沟通的媒介，在方案沟通与招标中也有重要作用。

13.1　模型可视化

模型可视化是指利用计算机项目数据信息采用模型或者图形、图像的方式，通过直观的视觉化形式表达出来，不仅包括工程对象的 3D 几何信息，还可根据项目需要包括更多更加完整的工程信息描述，如对象名称、结构类型、组成材料、构建性能等设计信息，施工工序、进度、成本、质量以及人力、机械、材料资源等施工信息，工程安全性能、材料耐久性能等维护信息，对象之间的工程逻辑关系等信息。示例如图 13.1 所示。

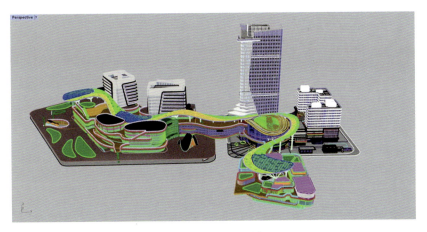

图 13.1　模型示例

13.2　效果图渲染可视化

效果图是指通过计算机三维仿真软件技术来模拟真实环境的高仿真虚拟图片。效果图能明确表明设计方案中模型空间形态的营造、光照效果、建筑与装饰材料的质感、位置和造型及细节部分的处理等，能直观、生动地表达设计意图。示例如图 13.2 所示。

图 13.2　效果图示例

13.3 视频动画制作可视化

视频动画能够体现整体风格是否符合设计要求，画面元素的各种表现材质是否真实到位，凹凸纹理及反射等细节处理表现是否符合真实要求，空间形体的结构、转折关系是否明确，墙面、玻璃、屋面之间的关系是否明确。示例如图 13.3 所示。

图 13.3　视频动画截图——局部效果图示例

13.4 设计可视化

BIM 工具具有隐藏线、带边框着色、真实渲染三种设计可视化模式，在设计过程中可实现"所见即所得"。另外，BIM 工具可通过创建相机路径，创建动画或一系列图像，向客户进行更直观的设计方案展示。示例如图 13.4 所示。

图 13.4　BIM 设计可视化示例

13.5　施工组织可视化

在 2D 工作模式下,虚拟施工因为技术手段及信息收集不到位难以实现。施工中往往通过凭经验、拍脑门等方式做决策,经常出现施工返工、物料浪费、进度拖沓等现象。

借助 BIM,可通过创建建筑设备模型、周转材料模型等,模拟施工过程,确定施工方案,并进行施工组织,同时实现复杂构造节点可视化,全方位呈现复杂构造节点,如复杂幕墙节点。

三维可视化功能再加上时间维度,形成 BIM 4D 进度管理模型,可以进行虚拟施工,随时随地直观快速地将施工计划与实际进展进行对比,便于及时调整、优化施工方案,同时进行有效协同。

4D 模型(见图 13.5)可以使施工方、监理方甚至非工程行业出身的业主领导都对工程项目中的进度、物料使用状况(见图 13.6)、人员配置、现场布置以及安全管理等方面一目了然。采用这样的施工现场监控管理模式,可以大大减少建筑质量问题、安全问题,减少返工和整改。

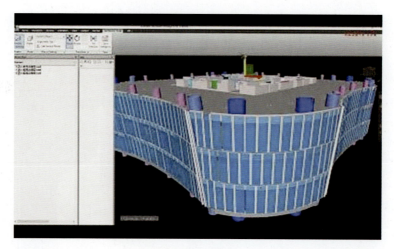

图 13.5 4D 模型

施工进度计划的材料评估

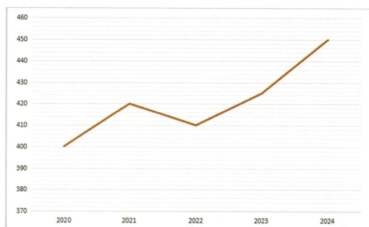

	编码	类别	名称	规格型号	单位	市场价
1	0127001	材	玻璃	TP6+12A+TP6+1.52PVB+TP6中空夹胶	m³	450
2	3115001	材	铝板	3mm	m³	360
3	0341001	材	厚刚通	300×100×6	kg	70
4	9946131	材	不锈钢螺栓	M5	个	1.25
5	8021905	材	铝合金底座		个	3

图 13.6 材料评估

14

轻量化模型输出与应用

BIM 模型轻量化处理是一种将复杂的 BIM 模型优化和简化，从而提高模型显示效率和渲染速度的技术。下面介绍实现 BIM 模型轻量化处理的几种常用方法。

14.1 减少模型中的面数

在 BIM 模型中，面数越多，模型文件就越大，加载时间也就越长。因此，可以通过减少模型中的面数来减少模型文件大小并缩短加载时间。在建立 BIM 轮廓族的过程中，非很重要体现轮廓的倒角之类的线条可删除。

14.2 网格简化

网格简化是一种通过减少模型三角网格数量来降低模型细节和数据量的方法。它可以通过去除不必要的细节、合并相邻区域等方式来减少三角面片数量，实现模型优化和简化。其中，选择合适的网格简化算法和参数，可以在保持模型精度和质量的前提下，尽可能地减少数据量。

14.3 LOD 技术

LOD（level of detail）技术是一种根据视点距离和屏幕分辨率等因素动态调整模型精度和纹理的方法。将模型和纹理分为多个不同层次，并根据需要进行动态加载和显示，可以减少 GPU 负载和提高渲染速度。例如，在低分辨率屏幕上只显示低精度模型和纹理，而在高分辨率屏幕上才加载高精度模型和纹理。

1. 纹理压缩

纹理压缩是一种将高精度纹理图像转换为低精度纹理图像的方法，以减少纹理数据量和提高渲染速度。常用的纹理压缩算法包括 DXT、ETC、PVRTC 等，它们可以将原始纹理图像压缩成较小的文件，并在渲染时进行解压和显示。

2. 参数化纹理映射

参数化纹理映射是一种将模型表面映射到纹理坐标系上的方法，以实现纹理贴图和渲染效果。采用参数化技术，可以将模型表面划分为若干个区域，并对不同区域进行映射和优化处理，从而实现高效的纹理贴图和渲染。

3. 纹理合并

纹理合并是将多个小纹理图像合并成一个大纹理图像的方法，以减少纹理数目和提高渲染速度。采用纹理合并技术，可以将多个小纹理图像拼接成一个大纹理图像，并使用 UV 坐标系进行映射和渲染。

4. 使用相关软件进行轻量化处理

可使用 K3DMaker 等软件，进行轻量化处理。

总之，在实现 BIM 模型轻量化处理时，需要根据模型特点和应用场景选择合适的处理方法和算法。需要注意的是，在处理过程中要保证模型精度和准确性，并尽可能地减少数据冗余和无用信息，以实现高效、准确和流畅的模型显示和渲染。

14.4　删除不必要的构件和细节

在 BIM 模型中，有些构件和细节可能并不重要，可以删除或简化，以减小模型文件大小。例如，可以删除或简化一些小型构件、细节和装饰等，以减少模型中的冗余信息。

第4篇

幕墙数字化设计专题技术

15

造型优化技术

造型优化技术是指建筑从方案到施工图的优化过程。常见的优化处理内容有曲线曲面有理化、参数化曲面划分、造型拟合优化三项。

15.1 曲线曲面有理化

曲线曲面有理化常用于方案阶段,主要解决造型的有理化(可建造性)问题,通过造型分析、造型参数分析,得出项目造型定位系统。这一项工作通常用于效果模型(手绘稿件)向可建造的 BIM 方案模型转换阶段。这里以吉林恒大水世界项目为例,说明这一技术的应用过程。

该项目的效果图采用 3ds Max 制作,如图 15.1 所示。

图 15.1 吉林恒大水世界效果图

从图 15.1 可以看出,此建筑存在一定的对称关系,如图 15.2 所示。

如图 15.2 所示,采用斜向 45°画出一条切割线,形成关于中心点的中心对称,这样可以保证造型的美观,同时减少板块种类。

利用软件模拟出项目造型的 6 个曲面的投影曲线,如图 15.3 所示,通过调整这些曲线控制整个建筑表皮造型。

通过控制每一条曲线某些控制点的高度,把平面曲线调整为空间曲线。在此过程中,可以通过 Grasshopper 参数化设置,将曲线优化成比较合适的空间曲线。从图 15.4 可以看出,在平面上找到一条曲线的中心,按照规则作出分割线,找到交点,通过交点高度的控制来控制曲线的空间形态。

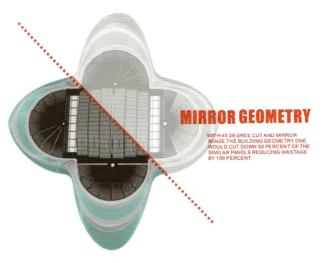

图 15.2　吉林恒大水世界项目对称性分析

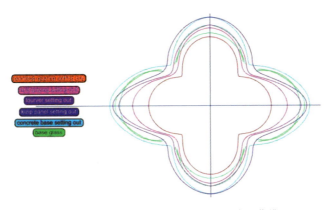

图 15.3　吉林恒大水世界项目平面造型曲线

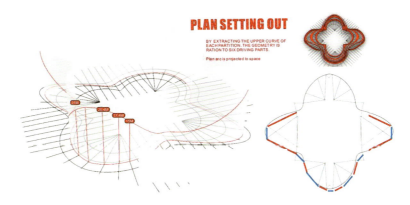

图 15.4　吉林恒大水世界项目平面造型空间高度调整

15　造型优化技术

此时可以大致得到空间曲线的位置，但是采用上述方式得到的曲线不够顺滑，需要采用一定的方式进行优化，以得到顺滑曲线。这时，就需要采用高斯曲率（见图15.5）、正曲率和反曲率（见图15.6）等对曲面进行分析，如图15.7所示。

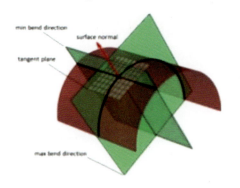

图15.5　高斯曲率原理图

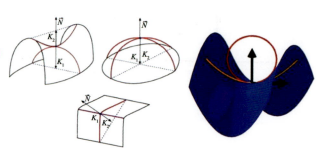

图15.6　正反曲率原理图

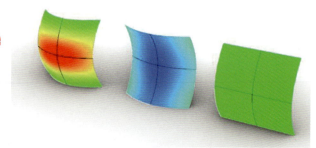

图15.7　曲面曲率可视化图

对曲线的连续性进行分析，如图15.8、图15.9所示。

通过编写Grasshopper程序（见图15.10），来分析曲面曲率的变化，并附着不同的颜色。颜色越红代表此处过渡变化越剧烈，颜色越绿代表过渡变化越平缓。

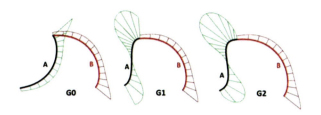

图 15.8　曲线连续性分析原理

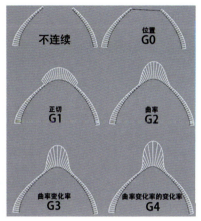

图 15.9　曲线连续性和曲面顺滑关系展示

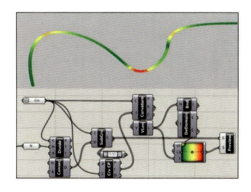

图 15.10　曲线连续性分析电池组

通过分析能够看出，在 1、2 位置处出现了非常不规则的表皮，需要对曲线重新进行调整，然后重新进行分析，直到曲面的弯曲不是太大，如图 15.11 所示。

针对分析的情况调整曲线 1、2 处的曲率，减少弯曲。总共减少了 200 m^2 曲率过大的区域，保证了整个造型在各个线条过渡区域的顺滑，从而保证了整个建筑的美观度，如图 15.12 所示。

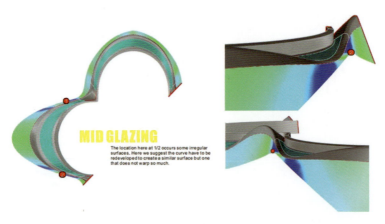

图 15.11 曲线分析结果

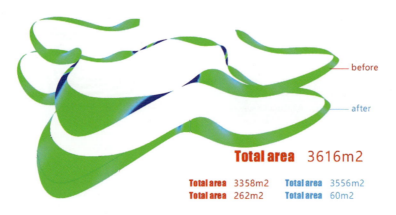

图 15.12 曲线优化后的调整效果

15.2 参数化曲面划分

15.2.1 利用结构线进行曲面的划分

先将曲面划分好 UV 方向的结构线的参数，再通过 Grasshopper 中的 Isotrim 电池（等参修剪（在曲面上提取由等参线分割的子集））来完成曲面划分，如图 15.13、图 15.14 所示。

图 15.13　参数化曲面分割电池

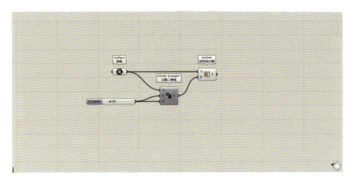

图 15.14　参数化曲面 UV 分割电池及效果

在曲面上得到均分的四边形，如图 15.15 所示。

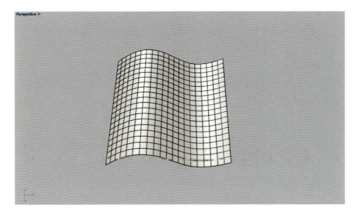

图 15.15　参数化曲面 UV 分割效果（待融合）

15.2.2 利用 Grasshopper 中的动力学插件 Kangaroo 进行曲面的划分

Kangaroo 是建立在 Grasshopper 上的一个插件，主要功能是进行动力学分析及运算，比如粒子、弹性、流体等的变化。Kangaroo 力学运算电池如图 5.16 所示。

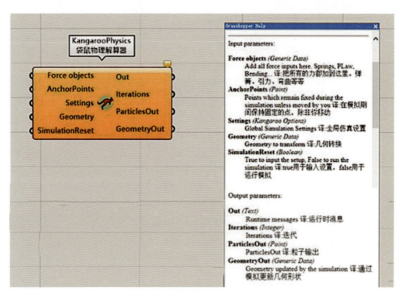

图 15.16　Kangaroo 力学运算电池

通过 Kangaroo 中的电池计算使用拉力分布点，再将点连接，完成曲面的划分，如图 15.17 所示。

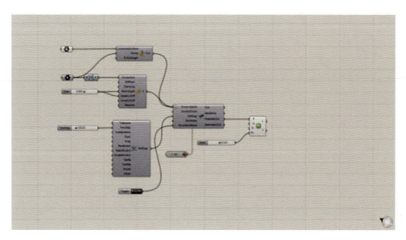

图 15.17　Kangaroo 球面网格三角均分电池及效果

在曲面上得到均分的三角形，如图 15.18 所示。

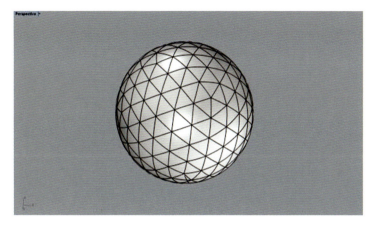

图 15.18　Kangaroo 球面网格三角均分效果（待融合）

15.2.3　利用 Grasshopper 中的 LunchBox 插件进行曲面的划分

LunchBox 是建立在 Grasshopper 上的一个插件，主要功能是曲面细分嵌板、创造特定函数曲面以及数据读取和管理。LunchBox 插件曲面的划分电池如图 15.19 所示。

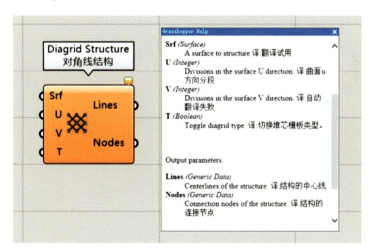

图 15.19　LunchBox 插件曲面的划分电池

可通过 LunchBox 中的电池直接利用曲面的 UV 值来实现曲面的划分，如图 15.20 所示。

在曲面上得到均分的四边形，如图 15.21 所示。

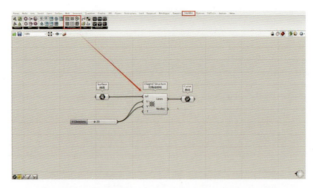

图 15.20　LunchBox 插件曲面的划分电池及效果

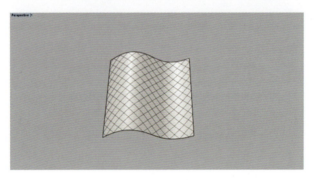

图 15.21　LunchBox 插件曲面的划分效果

15.2.4　利用曲面流动进行曲面的划分

曲面流动运算电池如图 15.22 所示。

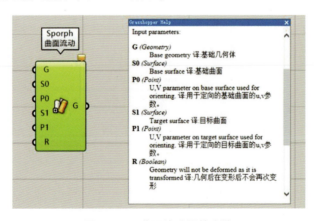

图 15.22　曲面流动运算电池

将需要流动的平面划分线作出来，如图 15.23 所示。

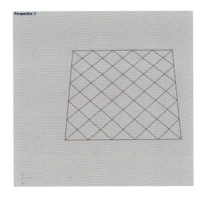

图 15.23　平面划分线

目标曲面如图 15.24 所示。

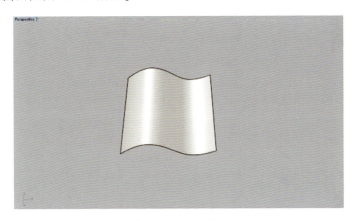

图 15.24　目标曲面

通过 Sporph 电池曲面流动作出目标曲面的划分逻辑图，如图 15.25 所示。

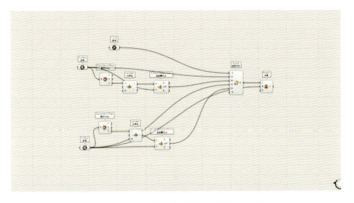

图 15.25　参数化曲面划分逻辑图

划分结果如图 15.26 所示。

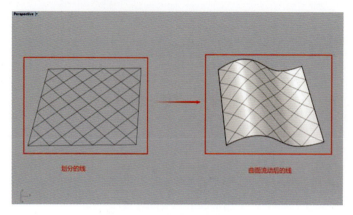

图 15.26　目标曲面划分

16
造型拟合优化

16.1 平面相对翘曲定量分析

通过编制参数模块,对板块间翘曲进行分析;根据得到的数据,按照层数对单元板块进行归集,确定合理的区段划分。将双曲板块排版编号,按照每翘曲 5 mm 为一个范围,统计每个范围的单元玻璃数量及占总数的百分比,翘曲分析示意图如图 16.1 所示。本研究对翘曲的计算均采用以下公式:翘曲度=最大翘曲高度/玻璃边长×100%。对双曲板块进行优化时,重点分析前 6 个范围内翘曲值较小的单元板块。编制参数模块,使双曲板块整体圆滑过渡,重新生成模型,达到最终能够满足建筑外观要求的效果。

平面度:基片具有的宏观凹凸高度相对理想平面的偏差。

翘曲度:用于表述平面在空间中的弯曲程度,在数值上定义为翘曲平面在高度方向上距离最远的两个点之间的距离。

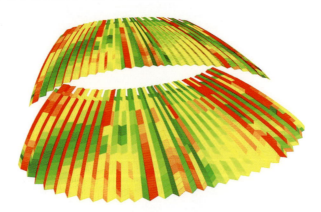

图 16.1 翘曲分析示意图

16.2 平板拟合单曲

拱高较小的单曲板块先优化为异形平板板块,再优化为矩形平板板块,这是渐变四边形的优化思路。依据节点构造、型材造型及现场误差情况,确定优化容差值,减少玻璃尺寸种类,实现降低材料成本、提升效率的目的。

对于平面微曲的板块，以节点构造为基础，考虑各组件的加工误差、材料性能以及现场施工误差，得到最大误差下的容差范围，且不影响安装和外立面效果。在这个范围内，渐变四边形优化为矩形平板板块的同时，使用同一尺寸代替尽可能多的矩形平板板块，以减少板块尺寸种类，降低下料成本。

怡心湖工程幕墙项目节点构造中，龙骨立柱与玻璃面板的间隙为 7.5 mm（见图 16.2），考虑节点容差，需预留型材的加工误差、玻璃的加工误差、现场施工误差等。其中，玻璃的加工误差及热胀冷缩变形量在±2 mm 以内；型材的宽度加工误差为±0.3 mm，厚度加工误差为±0.1 mm，单元玻璃两侧型材的总误差最大为 0.8 mm；胶条厚度误差为±0.3 mm，宽度误差为±0.3 mm（宽度在 3~6 mm 范围内）；现场龙骨施工误差在±2 mm 以内。综合各项误差，将龙骨与玻璃面板的间隙最小值确定为 5 mm，这时单元玻璃面板的横向两侧各有 2.5 mm 的容差，玻璃面板横向可消化 5 mm 以内的尺寸变化。

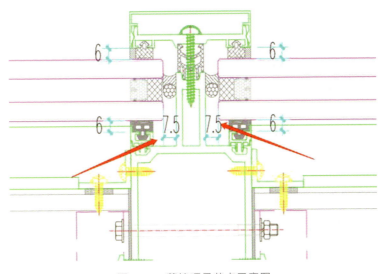

图 16.2　幕墙项目节点示意图

对于高度方向弧度，由于此类型玻璃翘曲弧度小，在安装时可结合玻璃冷弯安装的技术，对单元玻璃面板的微小弧度进行现场压弯，优化时需确定单元玻璃的冷弯最大位移值（以单片平板玻璃的最小厚度为准）。

项目团队制作一个基于 Rhino 并具有下列功能的插件：将所有渐变四边形玻璃铺平展开，实现一键对所有单元板块进行尺寸标注，包括长、宽、对角线长及角度；对单元板块实现一键优化，用标准的矩形核对每一块单元板块，使标准矩形的长、宽、对角线长与原单元板块的差均在±5 mm 内，此时可认为此矩形玻璃可替代原单元板块。同时，用数量更少的矩形玻璃替代更多的渐变四边形玻璃，减少优化后的矩形玻璃中不同的尺寸。将优化后的矩形玻璃进行排版编号，通过 Rhino 直接输出下料表（见图 16.3），下料表的样式及明细目可自定义并导入插件。

编号	下料边长1	下料边长2	下料边长3	下料边长4	下料面积	下料角度1	下料角度2
1	11582	9557	11536	14980	110	90	90
2	11626	8985	11582	14659	104	90	90
3	11427	7353	11391	13558	84	90	90
4	11477	10328	11427	15403	118	90	90
5	11536	12179	11477	16735	140	90	90
6	10755	12179	10755	16248	131	90	90
7	10755	10328	10755	14911	111	90	90
8	10755	7353	10755	13028	79	90	90
9	10755	8985	10755	14014	97	90	90
10	10755	9557	10755	14388	103	90	90
11	10636	9557	10636	14299	102	90	90
12	10636	8985	10636	13923	96	90	90

图 16.3　优化后导出的下料表示意图

16.3　单曲拟合双曲

由于双曲板块加工周期长、成本高，特别是双曲玻璃的钢化成本高、周期长、成品率低（无论是磨具钢化还是调弧钢化），以及技术方面等的原因，单曲玻璃与双曲玻璃单价差距大，因此优化双曲玻璃可大幅节约材料成本。双曲玻璃的翘曲值及拱高较小时，可经过计算与模拟，尝试用单曲玻璃代替双曲玻璃。运用 Rhino 软件强大的曲面处理能力，配合其内置插件 Grasshopper，通过曲面的优化拟合，一部分的双曲玻璃可以在一定误差范围内优化为单曲玻璃，一部分双曲玻璃可以在单曲玻璃的基础上通过适当调整钢化参数而获得。综合技术因素和现场施工情况，用单曲玻璃代替双曲玻璃是优化的核心解决思路。

如遇一些高阶曲面，可尝试重建曲面，通过误差分析来确定其可行性。此外，双曲面优化误差可适当考虑玻璃挠度，如玻璃的冷弯工艺。综合考虑曲面优化、加工工艺、成品控制以及安装工艺，可以大大降低成本，并有效提高生产效率。

为保证建筑流畅的外立面效果，可根据图纸放样，结合 BIM 技术建模，创建异形幕墙外立面模型，以便于优化分析。建模过程如图 16.4 至图 16.7 所示。

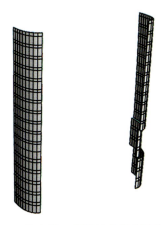

图 16.4　怡心湖工程幕墙项目曲面建模图　　图 16.5　怡心湖工程幕墙项目曲面分析图

图 16.6　怡心湖工程幕墙项目　　　图 16.7　怡心湖工程幕墙项目
　　　　　曲面板块编号　　　　　　　　　　曲面翘曲分析图

通过编制参数模块，对板块间翘曲进行分析；根据得到的数据，按照层数对单元板块进行归集，确定合理的区段划分。将双曲玻璃排版编号，按照每翘曲 5 mm 为一个范围，统计每个范围的单元玻璃数量及占总数的百分比，结果如图 16.8 所示。本研究对翘曲的计算均采用以下公式：翘曲度＝最大翘曲高度/玻璃边长×100%。对双曲玻璃进行优化时，重点分析前 6 个范围内翘曲值较小的单元板块。编制参数模块，使双曲玻璃整体圆滑过渡，重新生成模型，达到最终能够满足建筑外观要求的效果。

弧形玻璃的加工方式分为热弯与冷弯两类。玻璃热弯原理是：将裁切好的平板玻璃均匀加热至 550 ℃（热弯退火）至 650 ℃（热弯钢化）。在此温度范围，玻璃处于黏塑性状态，失去脆性和刚度。软化后的玻璃平板放在特定弯曲形式的模具上通过重力变形后自然冷却获得退火曲面玻璃，或经（夹辊）机械

序号	范围	数量	百分比
	怡心湖1#翘曲分析		
1	0to5	318	75.71%
2	5to10	28	6.67%
3	10to15	20	4.76%
4	15to20	20	4.76%
5	20to25	6	1.43%
6	25to30	8	1.90%
7	30to35	6	1.43%
8	35to40	4	0.95%
9	40to45	4	0.95%
10	45to50	2	0.48%
11	50to55	4	0.95%

图 16.8 翘曲分析统计表

压力成形后并经快速冷却形成钢化曲面玻璃。玻璃热弯适用于复杂无规律的自由曲面玻璃幕墙。玻璃冷弯原理是：利用平板玻璃本身具备一定弹性可弯曲的特点，安装时人工合理压弯安装就位，通过多块平板玻璃的压弯扭曲变形来达到拟合幕墙曲面的效果。玻璃冷弯适用于曲线变化较小的玻璃幕墙。冷弯技术需考虑温度、单元板块面积、玻璃厚度、残余应力等多重因素，确定单元玻璃的冷弯最大位移值（以单片平板玻璃的最小厚度为准）。

依据翘曲分析结果及冷弯安装的技术要点，认为翘曲值小于 30 mm 的玻璃运用冷弯技术安装能满足施工要求，同时能保证质量和造型要求；而翘曲值大于 30 mm 时是否需要双曲可以根据方案设计和施工要求决定，建议保留双曲板块。

本项目团队测试多种优化算法，运用 BIM 技术模拟优化过程，最终得到一种效果相对理想的优化算法：测量双曲玻璃高度方向的 2 条弧线，经计算得到几何平均弧线，以几何平均弧线生成圆柱面。新生成的圆柱面的翘曲值对比原单元板块的上下边缘弧线的翘曲值，差距均在 30 mm 内则认为优化有效。

运用 Rhino 手动优化曲面的步骤如下：打开 Rhino 软件，导入要编辑的模型，选取双曲面，在工具栏选择曲面重建命令；重建双曲面；输入点数和阶数。将 U、V 中任意一个方向的阶数设置为 1。单曲面是指在 U、V 两个方向上有一个方向上所有点的曲率为 0 的曲面。根据定义，通过上述操作得到的曲面即为单曲面。

运用 Grasshopper 几何运算，将上述算法编写成算法程序：将 Rhino 中双曲玻璃拾取到 Grasshopper 中，提取单元双曲玻璃上边缘弧线和下边缘弧线，先计算出几何平均弧线位置，再生成几何平均弧线（见图 16.9），用几何平均弧线生成圆柱面（见图 16.10），再通过原双曲玻璃轮廓裁剪新生成的圆柱面（见图 16.11），最终得到可替代原双曲玻璃的单曲玻璃（见图 16.12）。

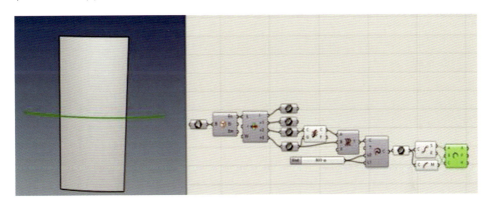

图 16.9　生成几何平均弧线电池图

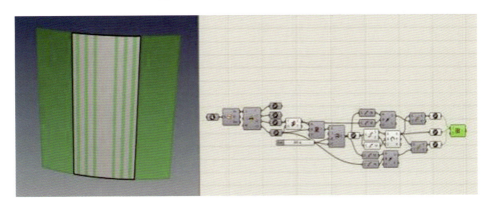

图 16.10　生成圆柱面电池图

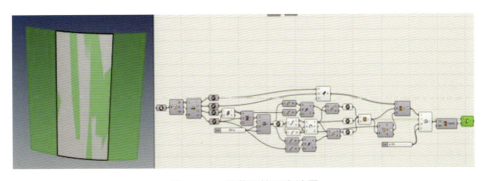

图 16.11　裁剪圆柱面电池图

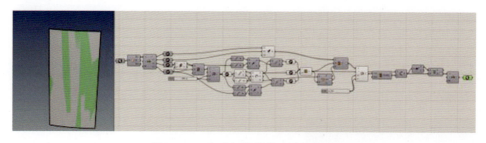

图 16.12　生成新的单曲玻璃电池图

17
软件数据交换

数据交换对于幕墙设计过程中的项目测量放线、工程量分析、幕墙加工图与清单都十分重要。

17.1　Excel 数据导入 Grasshopper 中

外部数据的导入采用 LunchBox 里的 Excel Reader 电池（见图 17.1）实现。

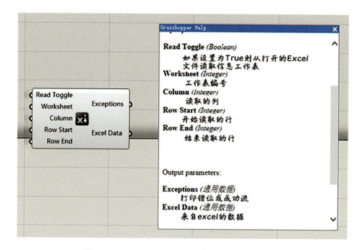

图 17.1　Excel Reader 电池及使用方式

在没有模型或者模型不够准确时，通常根据设计院或施工单位的点坐标文件，在 Rhino 中创建点文件，再生成线，进一步生成面。首先打开 Rhino 中的 Grasshopper，利用 Excel Reader 电池读取具体的数据，如图 17.2、图 17.3 所示。

图 17.2　导入节点坐标

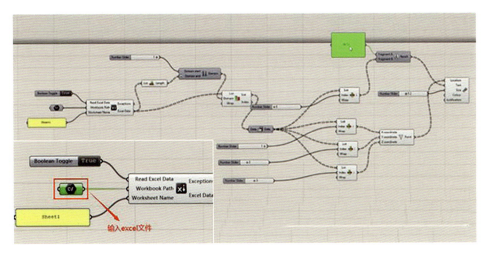

图 17.3　Excel 导入数据程序图

17.2　Grasshopper 数据导入 Excel 中

Grasshopper 数据导入 Excel 中采用电池 SEG 里的 SET_GH To Excel (见图 17.4) 来实现。

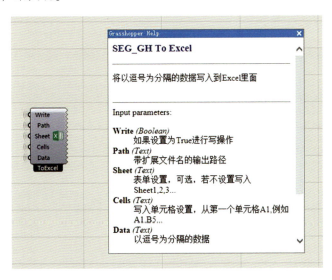

图 17.4　SET_GH To Excel 电池及使用方式

17　软件数据交换

打开 Rhino 中的 Grasshopper，选取所需计算的模块，利用 Grasshopper 算法得出边长、角度、点位坐标等多个数据，用 SET_GH To Excel 电池将数据写入 Excel 里面。示例如图 17.5、图 17.6 所示。

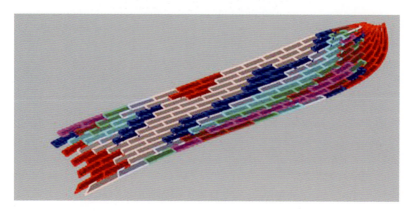

图 17.5　某项目表皮模型

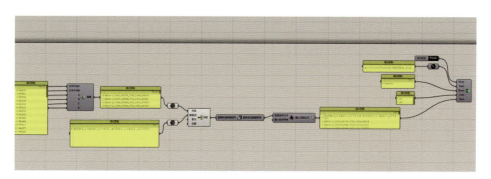

板块编号	a（弧长）	r1（半径）	b（边长）	c（弧长）	r2（半径）
DDLB-1	2202	45155	778	2240	44818
DDLB-2	2297	43090	773	2337	45551
DDLB-3	2390	45989	767	2432	47070
DDLB-4	2389	45508	765	2429	46332
DDLB-5	2389	45611	763	2429	46146
DDLB-6	2389	45418	762	2429	45633
DDLB-7	2389	45858	758	2429	46426
DDLB-8	2389	45123	755	2429	44374
DDLB-9	2240	44215	792	2278	46468
DDLB-10	2434	47051	788	2478	48384
DDLB-11	2429	46660	787	2471	47411
DDLB-12	2429	46386	787	2471	46877
DDLB-13	2429	45935	786	2470	46044
DDLB-14	2429	46125	784	2470	46760
DDLB-15	2429	45782	781	2469	45154

图 17.6　Grasshopper 数据导入 Excel 中程序图及结果

17.3 Grasshopper 数据导入 Rhino 中

选取所需计算的模块到 Grasshopper 中,通过编制参数模块,得出多个数据,当边长、面积、编号、角度坐标等数据显示时,可利用 bake(单击鼠标中键),烘培到 Rhino 中,从而实现将 Grasshopper 数据导入 Rhino 中。示例如图 17.7、图 17.8 所示。

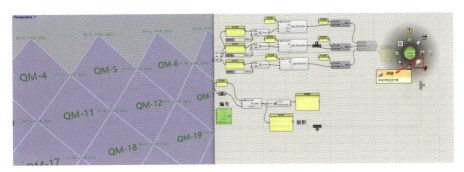

图 17.7 Grasshopper 数据导入 Rhino 中电池对照图

图 17.8 Grasshopper 数据烘焙到 Rhino 中

17.4 Rhino 空间文字转换为 Grasshopper 数值数据

Rhino 空间文字转换为 Grasshopper 数值数据采用电池 Vipers 里的 RhinoAnnotation(见图 17.9)实现。

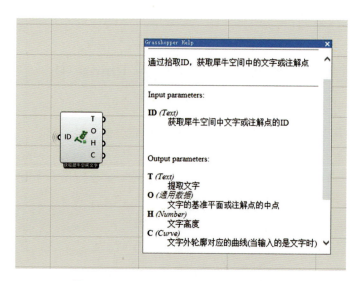

图 17.9 RhinoAnnotation 电池及使用方法

Rhino 空间文字转换为 Grasshopper 数值数据，需要提取已有模型的编号、数据长度、角度等信息，利用及核对需要提取的文字。

首先将 Rhino 中文字或注解点选入 Grasshopper 中，通过 Vipers 里的 RhinoAnnotation 电池，提取该文字或注解点的信息，如图 17.10 所示。

图 17.10 RhinoAnnotation 文字转换 Grasshopper 数据对照图

18

Grasshopper 可视化编程及插件

18.1 可视化编程原理

传统的绘图建模方式往往有很多重复操作，不同的软件均提供了一些简易的二次开发接口，如 AutoCAD 的 LISP 语言模块、VBA 模块，SketchUp 中的 Ruby 脚本，Blender 中的 Python 模块，Rhino 软件中的 VBS 和 Python 模块。这些模块的提供能够让有计算机语言基础的工程师快速实现一些便捷功能，成倍地提升设计效率。

然而计算机语言的学习、图形软件 API 的熟悉都需要大量的时间。Rhino 软件中的 Grasshopper 插件创造性地使用了可视化编程工具，让普通设计师也能够快速通过"即见即所得"的方式实现编程，大幅度提升设计效率，将编程技术门槛降低到人人都可以入手的程度。

Rhino 中 Grasshopper 可视化编程的基本原理简而言之，就是通过简单的基础功能模块，将设计过程逻辑化存储起来重复使用，最终构成参数化驱动的设计模型和数据。

Grasshopper 数据驱动设计的原理是：通过改变几何体输入的数据，驱动几何造型的生成。为了便于理解，本书将参数驱动模型的基本原理简要概述为点动成线、线动成面、面动成体的简单逻辑。

这里以几何造型的最基础单元点的构成来说明可视化编程时如何实现参数化设计模型驱动。

点的基本形成原理：数学原理上的几何点由 X、Y、Z 轴的三个参数构成，坐标数值决定点的空间位置。在 Grasshopper 中，通过 Constantpoint 和 Slider 电池的组合，并改变滑块的位置，改变 X、Y、Z 轴对应的参数，使模型中点的位置发生改变。实现数据模型和组成逻辑的可视化，大幅度减低了设计师的理解应用难度。数据生成点原理示意图如图 18.1 所示。

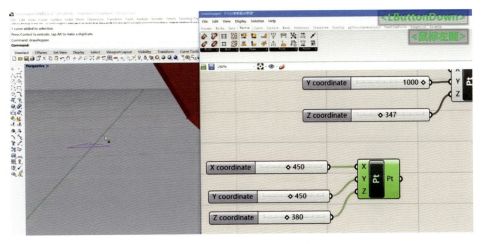

图 18.1　数据生成点原理示意图

18.2　相关效率提升工具

18.2.1　LunchBox

LunchBox 用于探索数学形状、单元体、结构和工作流程。该插件的主要功能如下：管理 XML 和 JSON 格式的数据；用于回归、聚类的神经网络；生成几何图形；创建参数化曲面和形状；创建细分网格，如四边形网格或三角形；创建线形结构，如斜交或空间桁架；读取、写入 Excel 文件；图层管理。LunchBox 插件面板如图 18.2 所示。

图 18.2　LunchBox 插件面板

18.2.2　Kangaroo 和 Kangaroo2

Kangaroo 是一个用于互动模拟、表单查找、优化和约束求解的实时物理引

18　Grasshopper 可视化编程及插件

擎。它可以模拟大部分力学和运动环境，如重力、吸引力、排斥力、风力、张拉力等。图形在力的作用下发生变形，形成各种复杂形态。它常用于建筑找形，如壳体和拉索结构生成、曲面生成等。Kangaroo 还具有一些实用功能，如删除图形中重复的线和点。Kangaroo 插件面板如图 18.3 所示。

图 18.3　Kangaroo 插件面板

袋鼠 2（Kangaroo2）是基于 Kangaroo 开发的第二代物理模拟引擎。相比第一代，它在功能上与第一代大同小异，但对指令的梳理比较系统，教程开发得比较完善。同时，Kangaroo2 使用了更接近现实的模拟公式。Kangaroo2 插件面板如图 18.4 所示。

图 18.4　Kangaroo2 插件面板

18.2.3　Human

Human 插件与 Rhino 模型进行交互，可以提取模型材质、文字、图层、线型等信息，是最常用的文件和图形属性编辑器，有助于方案的可视化表达。它扩展了 Grasshopper 创建和引用包括灯光、块和文本对象的几何图形的能力。它可以在 Grasshopper 中指定图形的属性，如线宽、颜色、材质、灯光等。Human 插件面板如图 18.5 所示。

图 18.5　Human 插件面板

18.2.4　Vipers

Vipers 为国产插件，它的电池名称和使用说明全部为中文，主要有点、线、面、表格、平面处理工具。Vipers 插件面板如图 18.6 所示。

图 18.6　Vipers 插件面板

18.2.5　Starling

Sl（Starling）中为网格工具。这些组件可启用网格参数化，对网格重新拓扑映射。Starling 插件面板如图 18.7 所示。

图 18.7　Starling 插件面板

18.2.6　Anemone

Anemone 为循环、分形插件，常用来建立分形结构体，可以模拟物体生长、雨水径流等。Anemone 插件面板如图 18.8 所示。

图 18.8　Anemone 插件面板

18.2.7　SEG

SEG 插件是 Rhino Grasshopper 平台下的一款插件，内含两百多个电池组件，致力于幕墙工程方面的快速建模、出加工图和各种 BOOM 表格等，但不局限于幕墙工程。SEG 内含对实体、曲线、点等的各种操作算法，具有完整的数据信息功能，能将 Rhino 模型加上数据变为 BIM 模型，是单元体建模加工制造不可或缺的一个插件。SEG 插件面板如图 18.9 所示。

图 18.9　SEG 插件面板

18.2.8　MetaHopper

MetaHopper 是一个可以对 Grasshopper 电池进行二次编程的插件，如筛选所有 Panel 中的信息，调整 Grasshopper 面板涂鸦的文本、大小和字体等。MetaHopper 插件面板如图 18.10 所示。

图 18.10　MetaHopper 插件面板

18.2.9　FabTools

FabTools 插件的主要功能是信息处理，包含快速标注、读取几何体属性信息、烘焙几何体属性。FabTools 插件面板如图 18.11 所示。

图 18.11　FabTools 插件面板

18.2.10　Elefront

Elefront 插件主要用来管理模型数据和 Rhino 模型中的对象之间的交互。Elefront 允许用户将几何体附带可选属性烘焙到 Rhino 空间，包括无限量的以键值对形式定义的自定义属性。如此一来，就可将 Rhino 模型当作一个数据库来处理，模型中的每个对象都"知道"它是什么，它属于什么，它与其他哪个对象相关，以什么方式、大小和何时需要制造等。不同于在数据库中存储几何体，Elefront 将数据存储在几何体库（Geometrybase）中，Rhino 模型由之转换为建筑信息模型（BIM）。这些数据可用于分析，也可用于将对象引用回 Grasshopper 空间中。将所有数据存储在 Rhino 几何体中，能够将 Grasshopper 工作流拆分为若干个易于管理的部分，允许多用户将上一步的结果用于进一步的 Grasshopper 开发的成果输入。Elefront 插件面板如图 18.12 所示。

图 18.12　Elefront 插件面板

18.2.11　KettyBIM

KettyBIM 插件是 Rhino 与 Grasshopper 平台首款提供单元体模型、装配图以及型材截面数据库、钢材截面数据库、国标紧固件数据库、用户数据等的插件。在 Grasshopper 中，该插件可以提供注释点、文字方块、尺寸标注以及图块等数据支持。KettyBIM 插件面板如图 18.13 所示。

图 18.13　KettyBIM 插件面板

18.2.12　OpenAI for Grasshopper

OpenAI for Grasshopper 利用 ChatGPT 的问答能力从海量信息中快速搜索内容，并利用 Grasshopper 的数据可视化能力进行展现。利用 ChatGPT 的问答能力获取 Python 代码，并导入 Grasshopper 中完成自动化建模，这一部分虽然目前只能实现较为简单的形体建模，但在本质上改变了建模的思维方式。OpenAI for Grasshopper 插件面板如图 18.14 所示。

图 18.14　OpenAI for Grasshopper 插件面板

18　Grasshopper 可视化编程及插件

18.2.13 TigerKin

TigerKin 是一款专业用 Rhino 模型与结构计算分析软件对接的工具,目前已经实现与 SAP2000、MIDAS、PKPM、YJK 等常用结构计算软件的对接。TigerKin 能够实现从设计方案模型到结构计算分析模型的转换、计算、优化等功能,大幅度提升设计师工作效率。TigerKin 与常用结构计算分析软件的对接功能如表 18.1 所示。

表 18.1 TigerKin 与常用结构计算分析软件的对接功能

功能	SAP2000	MIDAS	YJK
导入杆件模型	√	√	√
导入面构件模型	√	√	√
定义截面	√	√	√
定义荷载	√	√	√
定义工况	√	√	√
分析计算	√	√	√
读取结构模型	√	√	√
读取计算结果	√	—	√
优化迭代	√	—	—

TigerKin 插件面板如图 18.15 所示。

图 18.15 TigerKin 插件面板

19

基于 Rhino 的二次开发

Rhino 软件提供多种不同的开发模式和入口，其中开发模式按照介入方式的不同可以分为六种，如图 19.1 所示。

What	Where	How	Why
RhinoCommon	⊞	C# 🌐 🐍	Write Rhino plugins & Grasshopper components
Rhino.Python	⊞	🐍	Cross-platform scripting
openNURBS	⊞	C#	3dm file reading and writing
RhinoScript	⊞	📄	Rhino for Windows scripting
C/C++	⊞	⚙	Rhino for Windows plugins
Grasshopper	⊞	C# 🌐 🐍	Grasshopper components

图 19.1　基于 Rhino 的六种开发模式

六种开发模式中，常用的三种开发模式为基于 Grasshopper 的功能封装、基于 RhinoScript 的二次开发、基于 VS 的深度开发，它们的难易程度、适用情况及主要开发语言如表 19.1 所示。这三种开发模式适用于不同的开发需求。本书由浅到深主要介绍基于这三种常用的开发模式的开发。

表 19.1　基于 Rhino 的三种常用开发模式

开发模式	难易程度	适用情况	主要开发语言
基于 Grasshopper 的功能封装	简单	深化设计师自主完成常用功能的积累，或者复杂处理流程的简化	—
基于 RhinoScript 的二次开发	较难	部分 Grasshopper 未开放功能的补充，用于复杂处理过程的简化	VB、Python、C#等
基于 VS 的深度开发	难	实现定制开发，完成功能较为复杂的系统开发	C#、Python 等

19.1　基于 Grasshopper 的功能封装

1. 概述

基于 Grasshopper 的功能封装是 Grasshopper 自身提供的一种常用的化繁为简的开发模式。Grasshopper 提供了 Cluster Input 和 Cluster Output 两个电

池功能。当某项功能被创建之后需要反复用到时，就可以用该开发模式，替换输入、输出内容，形成一个新的功能。具体操作步骤如下。

(1) 整理需要打包的电池程序内容。

(2) 使用 Cluster Input、Cluster Output 替换原有的输入、输出。

(3) 选择整个需要打包定义的程序内容，在空白位置单击鼠标右键生成一个打包电池。

(4) 重命名输入、输出变量名称，如果有必要可以设置密码保护。

(5) 存储为一个 UserObject，并设置对应的属性信息。

(6) 在对应的存储位置即可调出或者分享使用打包的电池功能。

2. 案例：创建单元板块的立柱与横梁模型

步骤如下。

(1) 计划选取面板单元建模电池组，重新规划整理。

本案例的生成逻辑是：输入单元板块的曲面、横梁定位线、横梁截面图块名、立柱截面图块名，最终按照曲面的方向生成立柱与横梁模型，如图 19.2 所示。

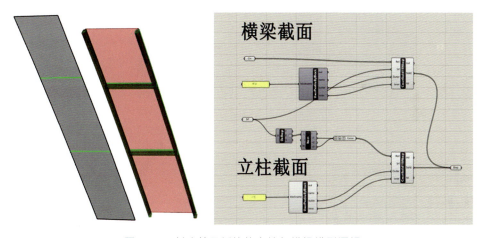

图 19.2　创建单元板块的立柱与横梁模型逻辑

(2) 使用 Cluster Input、Cluster Output 替换原有的输入、输出。

将单元板块的曲面、横梁定位线、横梁截面图块名、立柱截面图块名定义为输入内容，将立柱与横梁分别定义为输出内容，如图 19.3 所示。

(3) 生成 Cluster 内容，重命名输入、输出变量，如图 19.4 所示。

(4) 测试运行与调试，如图 19.5 所示。

(5) 存储为一个 UserObject，并设置对应的属性信息。

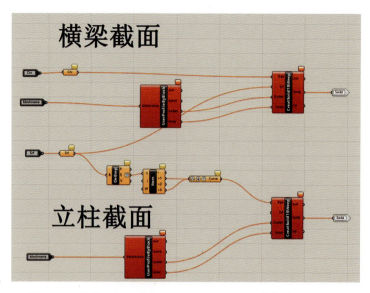

图 19.3　使用 Cluster Input、Cluster Output 替换输入、输出

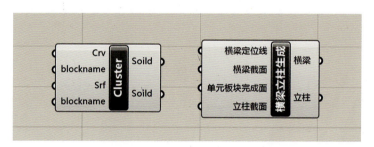

图 19.4　重命名输入、输出变量

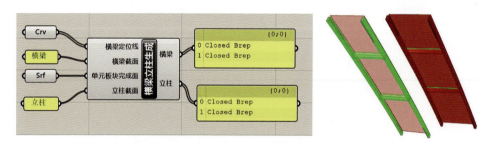

图 19.5　UserObject 测试运行效果

　　这里设置该电池块的名称、说明、所属分类、子分类，设置电池图标，完成自建电池块的存储，如图 19.6 所示。自建电池块存储于本地计算机的用户模块中，以便快速找到相应位置，发送给其他用户，供其他用户使用，如图 19.6 所示。

图 19.6　设置存储的面板位置

19.2　基于 RhinoScript 的二次开发

1. 概述

基于 RhinoScript 的二次开发适用于部分 Grasshopper 未开放功能的补充，用于复杂处理过程的简化。RhinoScript 在 Rhino 中有 VBS 和 Python 两个开发语言环境，在 Grasshopper 中有 Python、C♯、VB 三个开发语言环境。不同的开发语言最终对接的都是 Rhino 的 OpenAPI 内容。本书建议新入门的开发者或者设计师使用 Python 或者 C♯ 开发语言环境。另外，Rhino 中的环境与 Grasshopper 中的环境均有共同的 Python 语言，没有掌握计算机语言基础的读者可以从 Python 开发语言环境入手。

由 EditScript 进入 VBS 开发语言环境如图 19.7 所示。

由 EditPythonScript 进入 ironPython 开发语言环境如图 19.8 所示。

Grasshopper 中的三种脚本语言环境电池如图 19.9 所示。

采用脚本环境开发通常需要先设计算法，理清计算逻辑，然后进入对应的编程环境开始开发，完成后可以采用打包成命令工具或者 Grasshopper 模块进行发布。

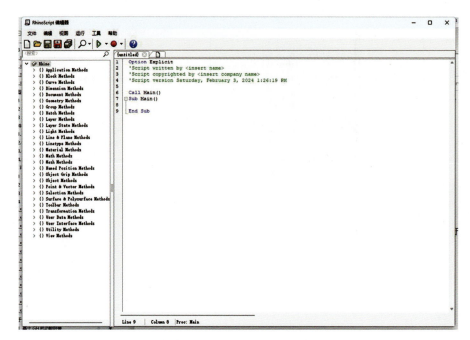

图 19.7 Rhino VBS 脚本环境

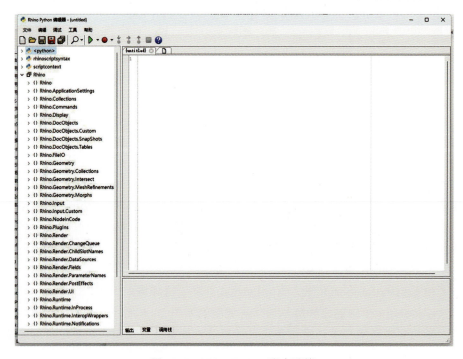

图 19.8 Rhino Python 脚本环境

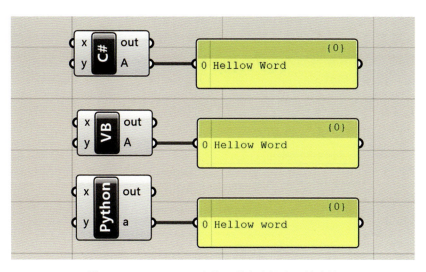

图 19.9　Grasshopper 中的三种脚本语言环境电池

2. 案例：使用脚本完成按照方向选择曲线的功能

本案例介绍从 CAD 导入 Rhino 中网格线的选取分类。在深化设计建模过程中，经常需要使用 CAD 完成网格排布内容，但由于设计师的使用环境和需求不一致，通常需要进行预处理，将一个方向的物体的曲线分类到一个组或者图层中。待按照方向区分图层的曲线如图 19.10 所示。

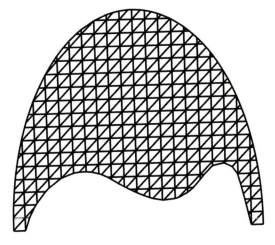

图 19.10　待按照方向区分图层的曲线

(1) 算法设计。

输入：待分类的曲线 C_0、分类参考方向 V_0、分类角度偏差 θ。

输出：在分类角度偏差范围内的曲线。

计算方法：计算待分类曲线与分类参考方向的夹角 α，计算 $\sin\alpha$，当 $\sin\alpha \leqslant \sin\theta$ 时，所计算的曲线方向与选取的曲线方向一致。

（2）编程与测试。

在 Rhino 中采用 Python 语言完成编程，如图 19.11 所示。

```python
#coding=utf-8
import rhinoscriptsyntax as rs
import math
def Selectobjectbydirection():
    #获取方向起点
    startpoint = rs.GetPoint("选择方向的起点",rs.filter.point)
    if(startpoint ==None):return
    endpoint = rs.GetPoint("选择方向的起点",rs.filter.point)
    if(endpoint ==None):return
    matchdirection = rs.VectorCreate(startpoint,endpoint)
    #检查一下方向
    #print (matchdirection)
    targetobjects = rs.GetObjects("选择需要分类的曲线",rs.filter.curve)
    if (targetobjects ==None):return
    thematch=[]
    for curve in targetobjects:
        curvedirection=rs.VectorCreate(rs.CurveEndPoint(curve),rs.CurveStartPoint(curve))
        # 获取到目标曲线与选择方向的夹角
        angle = rs.VectorAngle(matchdirection,curvedirection)
        #设置角度偏差允许范围
        a=30
        m=math.sin(angle/180*math.pi)
        # 对比计算角度
        if -math.sin(a/180*math.pi) <=m<=math.sin(a/180*math.pi):
            thematch.append(curve)
    print ("一共获取到%d个曲线物体"%len(thematch))
    #rs.SelectObjects()
    rs.SelectObjects(thematch)
    return thematch

if(__name__=='__main__'):
    Selectobjectbydirection()
```

图 19.11　Rhino Python 程序

在 Rhino 中采用 Python 电池脚本完成的效果，如图 19.12 所示。

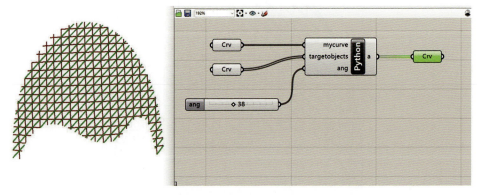

图 19.12　在 Rhino 中采用 Python 电池脚本完成的效果

完成开发后，Rhino 脚本命令可以采用编译工具或者以 Grasshopper 中的 UserObject 形式（见图 19.13）发布。

```python
__author__ = "刘明"
__version__ = "2021.06.29"

import rhinoscriptsyntax as rs
import math
def Selectobjectbydirection():
    #获取方向起点
#    startpoint = rs.GetPoint("选择方向的起点",rs.filter.point)
#    if(startpoint ==None):return
#    endpoint = rs.GetPoint("选择方向的起点",rs.filter.point)
#    if(endpoint ==None):return
    startpoint,endpoint=rs.CurveStartPoint(mycurve),rs.CurveEndPoint(mycurve),
    matchdirection = rs.VectorCreate(startpoint,endpoint)
    #检查方向
    print (matchdirection)
    #targetobjects = rs.GetObjects("选择需要分类的曲线",rs.filter.curve)
    #if (targetobjects ==None):return
    thematch=[]
    for curve in targetobjects:
        curvedirection=rs.VectorCreate(rs.CurveEndPoint(curve),rs.CurveStartPoint(curve))
        # 获取到目标曲线与选择方向的夹角
        angle = rs.VectorAngle(matchdirection,curvedirection)
        # 计算夹角值
        m=math.sin(angle/180*math.pi)
        #对比计算角度
        if -math.sin(ang/180*math.pi)<=m<=math.sin(ang/180*math.pi):
            thematch.append(curve)
    print ("一共获取到%d个曲线物体"%len(thematch))
    #rs.SelectObjects()
    #rs.SelectObjects(thematch)
    return thematch

if(__name__=='__main__'):
    a=Selectobjectbydirection()
```

图 19.13　Grasshopper 中脚本的开发

19.3　基于 VS 的深度开发

深入的 Rhino 开发，主要入口是 RhinoCommon。RhinoCommon 本身是跨平台的开发结构，适用于 Windows、Mac、Rhino Python 脚本、Grasshopper 环境。新版的 SDK 开发发布的 rhp 插件可以同时在 Windows、Mac 系统上运行。Rhino 的深度开发模式如图 19.14 所示。

RhinoCommon 的构成如表 19.2 所示。

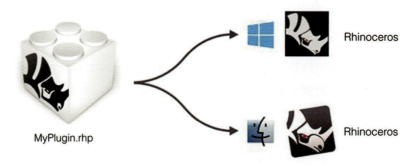

图 19.14 Rhino 的深度开发模式

表 19.2 RhinoCommon 的构成

部分	功能描述
RhinoCommon.dll	RhinoCommon 是与 Rhino 交互而引用的核心的 .net 程序集
Eto.dll	Eto 是一个框架，可用于使用其本机工具包构建跨多个平台运行的用户界面，具有易于使用的 API。插件将在使用单个 UI 代码库的所有平台上看起来和工作起来都像一个本机应用程序
Rhino.UI.dll	Rhino.UI 是一个实用程序 .net 程序集，包含特定于 Rhino 的用户界面和其他杂项类

常用插件类型及其功能如表 19.3 所示。

表 19.3 常用插件类型及其功能

插件类型	功能描述
一般插件	可以包含一个或多个命令的通用实用程序
文件导入插件	从其他文件格式导入数据到 Rhino，支持多种文件格式
文件导出插件	从 Rhino 导出数据到其他文件，可以支持多种文件格式
用户模式渲染插件	将材料、纹理和灯光应用到场景中，以生成渲染图像
三维数字化应用插件	生成 UI 界面和 3D 数字化或者其他可用的输入设备

文件导入、文件导出、用户模式渲染、三维数字化应用都是通用实用程序插件的专门增强功能。因此，所有插件类型都可以包含一个或多个命令。

详细的操作在 Rhino 软件官方教程均有详细的介绍，读者可以通过打开 https：//developer.Rhino3d.com/guides/Rhinocommon/链接进行学习。

常见的 Rhino 深入开发场合通常有以下几种。

(1) 需求分析，形成明确的需求文档，明确模块和功能要求。

（2）功能设计，明确各个模块的组成，明确各项功能输入、输出详细要求。

（3）UI 设计，设计适合对应功能的 UI。

（4）算法的编程实现与测试，计算复杂时需要提前进行算法设计。

（5）程序的发布与迭代更新。

第5篇

幕墙数字化设计项目案例

20

芯谷工程
幕墙项目

20.1 项目概况

成都芯谷产业功能区配套设施建设项目位于成都市双流区东升街道,项目总建筑面积为约 36 万平方米,幕墙建筑面积为约 26 万平方米,建筑总高为 61.6 米。幕墙项目效果图如图 20.1 所示。

图 20.1 成都芯谷产业功能区幕墙项目效果图

该项目整体采用全过程 BIM 精细化管理,包含土建结构、幕墙、机电等多单位 BIM 协同。在这个基础上,建立了一套统一标准的 LOD300 及 LOD400 的建模流程及方法,将常规项目的建模过程标准化,同时与其他 BIM 单位联动,实现了土建模型校核、预埋件校核、碰撞检查与漫游展示等多种 BIM 全生命周期应用。

20.2 BIM 成果

20.2.1 各专业模型及效果展示

各专业主要模型及效果如图 20.2、图 20.3 所示。

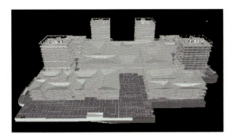
(a) 结构模型

(b) 建筑模型

(c) 机电模型

(d) 幕墙模型

图 20.2 主要模型

(a) 效果图(1)

(b) 效果图(2)

图 20.3 主要效果图

20.2.2　BIM 辅助图纸会审

通过全专业模型的建立，进行图纸模型校核，针对施工图纸中描述不清或冲突及设计不合理等问题，提出图纸模型问题报告并辅助图纸会审工作，帮助解决前期施工图问题。图纸问题报告示例如图 20.4 所示。

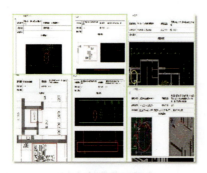 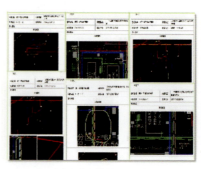

(a) 土建图纸问题报告　　　　　　　(b) 机电图纸问题报告

图 20.4　图纸问题报告示例

20.2.3　复杂节点排布优化

使用 BIM 技术辅助复杂节点方案模型进行节点深化，如复杂钢筋节点深化、多梁相交于柱节点深化、屋面风井大样节点深化等。复杂节点排布优化示例如图 20.5 所示。

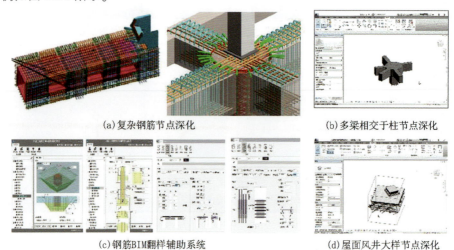

(a) 复杂钢筋节点深化　　　　　　　(b) 多梁相交于柱节点深化

(c) 钢筋BIM翻样辅助系统　　　　　(d) 屋面风井大样节点深化

图 20.5　复杂节点排布优化示例

20.2.4 二次结构深化

在设计的土建模型基础上添加二次结构的相关内容,包括构造柱、圈梁、过梁及墙留洞。建议将二次构件与主体结构一次性施工完成,以节省施工工期,提高施工质量。示例如图 20.6 所示。

利用 BIM 技术对二次结构进行合理排布,提取墙体砌块尺寸清单及用量,汇总非标准砖用量,进行工厂加工,减少材料浪费,减少二次搬运。同时,对混凝土量、砌体量、预制构件量进行统计,对比计划用量与实际用量,分析管理问题及原因。示例如图 20.7 所示。

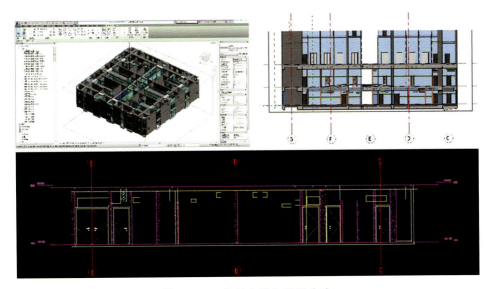

图 20.6 二次结构深化示例(1)

(a)砌体墙面排布　(b)现场砌体墙面排布　(c)砌体施工工序模拟　(d)现场效果图

图 20.7 二次结构深化示例(2)

20.2.5 机电深化

1. 净高分析及碰撞检查

利用 BIM 技术进行净高分析，同时对所建立的机电模型进行碰撞检查，检查出碰撞问题，就检查出的问题形成碰撞检查问题报告，并进行核查修改，以避免后期的返工及工期的延误。示例如图 20.8 所示。

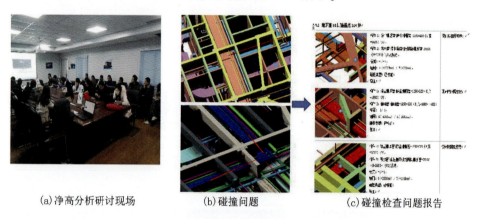

(a)净高分析研讨现场　　(b)碰撞问题　　(c)碰撞检查问题报告

图 20.8　净高分析及碰撞检查示例

2. 管线综合优化排版

利用 BIM 模型对管线密集区域进行综合排布，优化布局，提升净高，避免管线碰撞，减少返工，使整体效果更加美观。示例如图 20.9 所示。

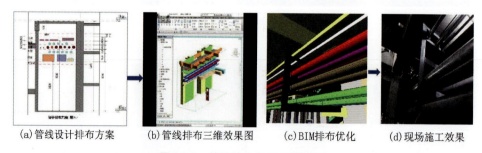

(a)管线设计排布方案　(b)管线排布三维效果图　(c)BIM排布优化　(d)现场施工效果

图 20.9　管线综合优化排版示例

3. 机房排布优化

根据现有图纸，重点对机房、设备房等管线复杂区域进行建模，提前解决施工中的问题，有效避免碰撞，节约材料，提升观感效果，保证施工工期，并出具三维图纸用以指导施工。示例如图 20.10 所示。

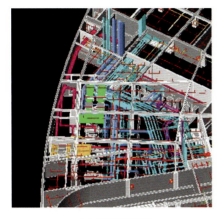

(a) 机房BIM模型　　　　　　　(b) 机房模型漫游图片展示

图 20.10　机房排布优化示例

4. 结构预留预埋出图

管线综合排布完成后，对剪力墙以及砌体预留口精确定位，生成预留洞及基础定位平面图用以指导现场施工。示例如图 20.11 所示。

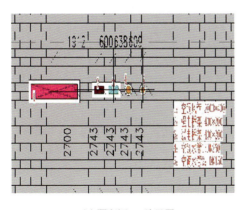

(a) 预留洞BIM效果图　　　　　　　(b) 预留洞平面图

图 20.11　结构预留预埋出图示例

5. 多专业深化设计出图

通过 BIM 模型进行协调、模拟、优化以后，可以为现场施工提供辅助的综合结构留洞图、建筑-结构-机电-装饰综合图等施工图纸；利用综合排布深化后的三维模型，直接输出深化设计部位的平面图、剖面图，为不同专业提供不同配色线条，以便于识别和理解，并供施工使用。示例如图 20.12 所示。

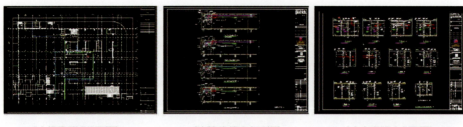

(a)管线综合平面图　　(b)管线综合剖面图　　(c)走廊综合剖面图

图 20.12　多专业深化设计出图示例

6. 支吊架预制化加工

从机电 BIM 模型中选择预制区域的机电管线内容，将任务区块内的管线转化为预制加工综合支吊架或综合管组料，输出加工图纸及加工料表。示例如图 20.13 所示。

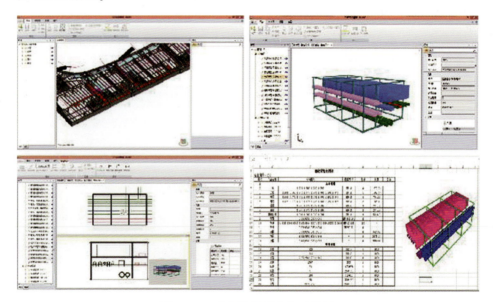

图 20.13　支吊架预制化加工示例

加工班组以加工图纸及加工料表为依据加工构件，由加工班组将预制加工完成的成品支吊架、管组、整体设备运送至施工现场后整体安装。型钢支架工厂化预制现场照片如图 20.14 所示。

图 20.14　型钢支架工厂化预制现场照片

7. BIM + 数字化加工

BIM 与数字化加工的集成应用实现了建筑工业化信息的高效创建、精细管理和准确传递，利用 BIM 模型数据和自动化生产线的自动集成，替代传统的"二维图纸—深化图纸—加工制造"流程，提高了数字化加工的效率。示例如图 20.15 所示。

20.2.6　装修样板区深化

对公共区走廊及卫生间等区域装饰装修进行建模，形成 BIM 样板间模型，利用移动端进行查看、审阅用以指导现场施工，辅助精装修工程优化，对施工现场进行校验。示例如图 20.16 所示。

20　芯谷工程幕墙项目　273

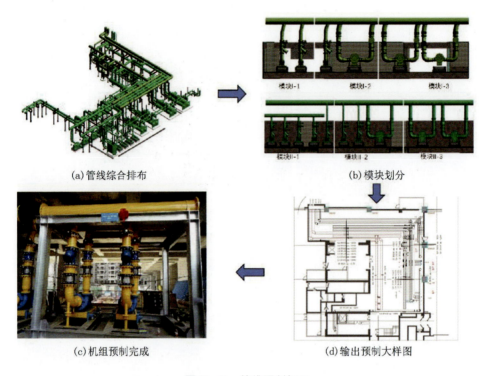

图 20.15 管线预制加工

(a)走廊BIM样板

(b)卫生间BIM样板间

图 20.16 装修样板区深化示例

20.2.7 三维可视化交底

基于BIM+VR可视化、具象化效果的技术交底运用,对地下室、主体、装修样板间、重点机房及幕墙安装节点等不同施工阶段的模型进行场景模型漫游、节点模型展示等，进行可视化交底并指导现场施工作业，使得技术交底信息更全面、感受更直观、效果更好。示例如图 20.17 所示。

(a) BIM+VR 可视化技术交底

(b) 模型漫游可视化技术交底

图 20.17　三维可视化交底示例

20.2.8　三维场地布置

基于 BIM 技术建模分析选取搬迁间隔最长部位及最少拆迁量部位进行临设搭建，优化现场临设布置和道路规划方案，保证现场平面布置合理及文明施工管理。示例如图 20.18 所示。

(a) 现场平面布置漫游

(b) 现场工地大门

(c) 办公区模型展示

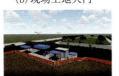
(d) 钢筋加工棚

(e) 工人生活区模型展示

图 20.18　三维场地布置示例

20.2.9　项目总体施工计划 4D 模拟

将各专业三维建筑模型及进度计划导入进度模拟软件中，进行各阶段施工进度模拟，分析工程施工进度计划的合理性，并及时调整计划，以便提前进行施工材料、机械及劳动力的准备,保障整个工程顺利实施,确保工程总工期。项目进度计划 4D 模拟推演如图 20.19 所示。

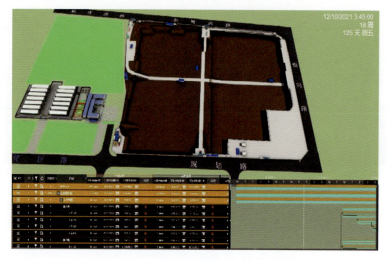

图 20.19　项目进度计划 4D 模拟推演

20.2.10　专项方案施工模拟

使用 BIM 技术对关键部位、重要施工方案的合理性进行动画模拟,并指导现场施工作业。结合本项目应用特点,暂定的施工模拟的方案如图 20.20 所示。

(a) 芯谷项目土护降方案模拟

(b) 群塔方案布置交底

图 20.20　专项方案施工模拟

276　幕墙工程数字化设计与应用

20.2.11 模型辅助变更管理

模型辅助变更管理部分成果示例如图 20.21 所示。

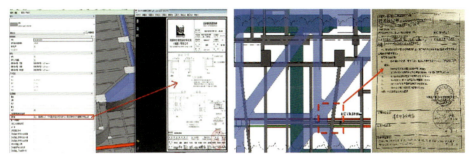

(a) 将变更信息输入构件属性中，以便于查找和核实　　(b) 模型截图辅助技术核定

图 20.21　模型辅助变更管理部分成果示例

20.2.12 模型动态样板引路

将样板引路与 BIM 相结合，建立质量样板 BIM 模型，赋予工艺标准、规范要求、质量检验标准等信息，形成动态质量样板。在现场布置多个触摸式显示屏，利用 BIM 的施工模拟功能将现场重要样板做法进行动态展示，为现场质量管控提供服务，直观地展现重要样板的工序步骤及要求，提高技术交底的质量。示例如图 20.22 所示。

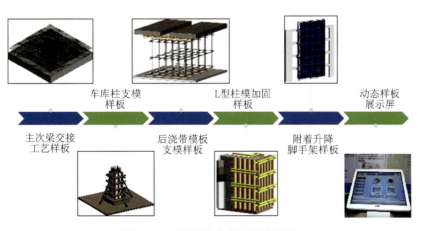

图 20.22　模型动态样板引路示例

20.2.13 BIM 辅助安全管理

1. 危险源识别

对 BIM 模型中临边洞口等危险源及防护要求进行标识，利用 Revit 建模技术快速建立防护体系，通过 Navisworks 第三人漫游论证，实现周全的防护部署。结合施工进度，通过模型可自动统计不同阶段安全防护设施需用计划，安全人员手持移动终端对危险源逐一进行检查和标注，保证对危险源的全面控制。危险源识别示例如图 20.23 所示。

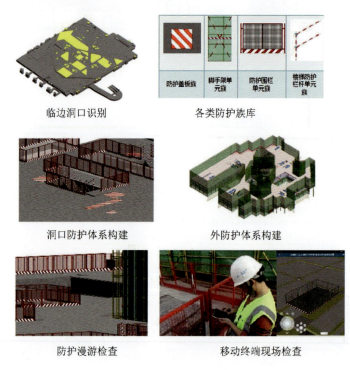

图 20.23 危险源识别示例

2. VR 安全体验馆

利用 BIM+VR 技术搭建 VR 安全体验馆，通过 VR 技术结合电动机械创建、模拟现实环境，具有真实、互动、情节化的特点。把建筑工地的实景转换到虚拟场景中，把以往"说教式"安全教育转变为亲身"体验式"安全教育，通过 VR 安全体验馆体验施工现场安全事故，让施工人员亲身感受违规操作带来的危害，可强化施工人员的安全防范意识，帮助施工人员熟练掌握部分安全操作技能。VR 安全体验馆示例如图 20.24 所示。

(a)BIM+VR安全体验馆

(b)建筑VR安全体验馆

图 20.24　VR 安全体验馆示例

20.2.14　三维激光扫描

利用三维激光扫描仪进行实测实量，所获得的点云数据具有快速、准确、真实、客观等特点，因而是重要的竣工测绘资料，在施工质量检验、验收等方面可以发挥较大的作用，可用于辅助实测实量、机电设备扫描及深化设计、钢结构以及装配式构件扫描、基坑土方测算及基坑监测。三维激光扫描示例如图 20.25 所示。

(a) 高大区域实测实量

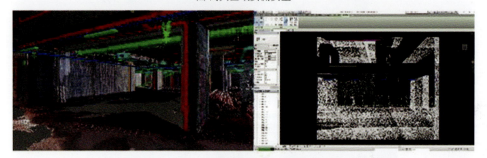

(b) 机电设备扫描

图 20.25 三维激光扫描示例

21

怡心湖工程幕墙项目

21.1 项目概况

怡心湖工程幕墙项目位于成都市双流区怡心片区，项目总建筑面积为约20万平方米，幕墙建筑面积为约11万平方米，建筑总高为116米，包括1♯楼、3♯写字楼、2♯楼日航酒店及4♯～13♯楼与10栋企业公馆。

21.2 项目难点及解决思路

21.2.1 双曲玻璃

建筑转角处为双曲玻璃，总面积为约2300平方米。本项目为高层建筑，施工受外部影响（如施工过程中的风载荷、主体构件位移等）大，玻璃幕墙立柱及横向龙骨的固定难以精准定位，玻璃的弧线形状每一块都不相同，下料的形状和尺寸难以确定。

本项目双曲玻璃高度方向的翘曲值较小，经过计算与模拟，尝试用单曲玻璃代替翘曲值较小的双曲玻璃。由于加工难度和技术方面等因素，单曲玻璃与双曲玻璃单价差距大，因此优化可大幅节约材料成本。综合技术因素和现场施工情况，用单曲玻璃代替双曲玻璃，是优化的核心解决思路。

21.2.2 渐变四边形玻璃

异形玻璃非转角位置为微弧度单曲玻璃，均为近似矩形的渐变四边形，翘曲度小。单块玻璃间差距微小，但尺寸变化多，若按图纸进行单曲玻璃下料，成本大且效率低，施工现场易出错。

微弧度单曲玻璃优化为异形平板玻璃，再优化为矩形平板玻璃，是渐变四边形的优化思路。依据节点构造、型材造型及现场误差情况，确定优化容差值，减少玻璃尺寸种类，实现降低材料成本、提升效率的目的。

21.3 优化算法及原理

21.3.1 腰线法双曲玻璃优化

为保证建筑流畅的外立面效果，根据图纸放样，结合 BIM 技术建模，创建异形幕墙外立面模型，以便于优化分析。建模过程见图 21.1 至图 21.4。

图 21.1 Rhino 模型曲线点示意图（表皮建模） 　图 21.2 曲面分隔单元面板

图 21.3 单元面板编号及分类 　图 21.4 翘曲分析（颜色越深，翘曲越大）

21 怡心湖工程幕墙项目

对双曲玻璃排版编号，按照每翘曲 5 mm 为一个范围，统计每个范围的单元玻璃数量及占总数的百分比。本研究对翘曲的计算均采用以下公式：翘曲度＝最大翘曲高度/玻璃边长×100%。对双曲玻璃进行优化时，重点分析前 6 个范围内翘曲值较小的单元板块。

弧形玻璃的加工方式分为热弯与冷弯两类。玻璃冷弯原理是：利用平板玻璃本身具备一定弹性可弯曲的特点，安装时人工合理压弯安装就位，通过多块平板玻璃的压弯扭曲变形来达到拟合幕墙曲面的效果。冷弯技术需考虑温度、单元板块面积、玻璃厚度、残余应力等多重因素，确定单元玻璃的冷弯最大位移值（以单片平板玻璃的最小厚度为准）。

依据翘曲分析结果及冷弯安装的技术要点，认为翘曲值小于或等于 30 mm 的玻璃运用冷弯技术安装能满足施工要求，同时能保证质量和造型要求；而翘曲值大于 30 mm 时是否需要双曲可以根据方案设计和施工要求决定，建议保留双曲板块。

本项目团队测试多种优化算法，运用 BIM 技术模拟优化过程，最终得到一种效果相对理想的优化算法：测量双曲玻璃高度方向的 2 条弧线，经计算得到几何平均弧线，以几何平均弧线生成圆柱面。新生成的圆柱面的翘曲值对比原单元板块的上下边缘弧线的翘曲值，差距均在 30 mm 内则认为优化有效。

运用 Grasshopper 几何运算，将上述算法编写成算法程序：提取单元双曲玻璃上边缘弧线和下边缘弧线，先计算出几何平均弧线位置，再生成几何平均弧线，接着以几何平均弧线生成圆柱面，然后通过原双曲玻璃轮廓裁剪新生成的圆柱面，最终得到可替代原双曲玻璃的单曲玻璃。

21.3.2　渐变四边形玻璃矩形优化

对于平面微曲的玻璃幕墙，以节点构造为基础，考虑各组件的加工误差、材料性能以及现场施工误差，得到最大误差下的容差范围，且不影响安装和外立面效果。在这个范围内，渐变四边形玻璃优化为矩形玻璃的同时，使用同一尺寸代替尽可能多的矩形玻璃，以减少玻璃尺寸种类，降低下料成本。

怡心湖工程幕墙项目节点构造中，龙骨立柱与玻璃面板的间隙为 7.5 mm（见图 21.5），考虑节点容差，需预留型材的加工误差、玻璃的加工误差、现场施工误差等。其中，玻璃的加工误差及热胀冷缩变形量在±2 mm以内；型材的宽度加工误差为±0.3 mm，厚度加工误差为±0.1 mm，单元玻璃两侧型材的总误差最大为0.8 mm；胶条厚度误差为±0.3 mm，宽度误差为±0.3 mm（宽度在3～6 mm范围内）；现场龙骨施工误差在±2 mm以内。综合各项误差，将龙骨与玻璃面板的间隙最小值确定为5 mm，这时单元玻璃面板的横向两侧各有2.5 mm的容差，玻璃面板横向可消化5 mm以内的尺寸变化。

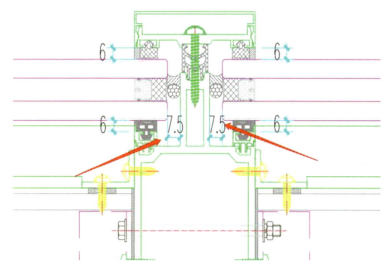

图21.5 怡心湖工程幕墙项目节点示意图

对于高度方向弧度，由于此类型玻璃翘曲弧度小，在安装时可结合玻璃冷弯安装的技术，对单元玻璃面板的微小弧度进行现场压弯，优化时需确定单元玻璃的冷弯最大位移值（以单片平板玻璃的最小厚度为准）。

项目团队制作一个基于Rhino并具有下列功能的插件：将所有渐变四边形玻璃铺平展开，实现一键对所有单元板块进行尺寸标注，包括长、宽、对角线长及角度；对单元板块实现一键优化，用标准的矩形核对每一块单元板块，使标准矩形的长、宽、对角线长与原单元板块的差均在±5 mm内，此时可认为此矩形玻璃可替代原单元板块。同时，用数量更少的矩形玻璃替代更多的渐变四边形玻璃，减少优化后的矩形玻璃中不同的尺寸。将优化后的矩形玻璃进行排版编号，通过Rhino直接输出下料表（见图21.6），下料表的样式及明细目可自定义并导入插件。

编号	下料边长1 (mm)	下料边长2 (mm)	下料边长3 (mm)	下料边长4 (mm)	下料面积(dm²)	下料角度1 (°)	下料角度2 (°)
1	1218	1660	1200	1660	200	90	90
2	1200	1660	1218	1660	200	90	90
3	1736	1661	1951	1675	307	90	90
4	1528	1661	1736	1674	271	90	90
5	1347	1655	1528	1665	239	90	90
6	1218	1655	1347	1660	213	90	90
7	1152	1660	1218	1661	197	90	90
8	1218	1660	1152	1661	197	90	90
9	1347	1655	1218	1660	213	90	90
10	1528	1655	1347	1665	239	90	90
11	1736	1661	1528	1674	271	90	90
12	1951	1661	1736	1675	307	90	90

图 21.6　优化后导出的下料表示意图

21.4　优化应用成果

21.4.1　腰线法双曲玻璃优化

此优化方法在怡心湖工程幕墙项目中实践：双曲玻璃优化率为约 95%，仅 1#楼双曲玻璃由 420 块优化为 20 块。从玻璃材料成本角度综合进行计算，节约成本 220.7 万元。

21.4.2　渐变四边形玻璃矩形优化

利用制作的插件将可优化的单元面板在 Rhino 中用其他颜色进行区分，可看到可优化的单元面板所占面积。

优化后的渐变四边形玻璃下料类型减少：1#楼、3#楼渐变四边形玻璃总面积为 1650 平方米，优化率为约 53%；2#楼渐变四边形玻璃总面积为 862 平方米，优化率为约 95%。另外，节约玻璃材料成本约 23.3 万元；下料工作原计划 12 个工作日缩短为 3~4 个工作日，工作效率提升约 300%。

22 安吉"两山"未来科技城科技人才中心幕墙项目

22.1 项目概况

安吉"两山"未来科技城科技人才中心建设项目坐落于"绿水青山就是金山银山"理念诞生地——浙江安吉。安吉位于长三角几何中心,与上海、杭州、南京等主要城市交通圈加快形成,交通区位优势愈发彰显。依托"两山"未来科技城建设,安吉将更好地"拥抱"长三角。本项目总用地面积为38113平方米,总建筑规模约为164716.4平方米,地上建筑面积约为106716.4平方米,地下建筑面积为约58000平方米。A1主建筑高度为199.95米,其余为A2、A3、A4、A5、A0大平台。主体结构为钢筋混凝土框架-核心筒结构,为浙江安吉标志性建筑。1号楼为酒店,2号楼为泳池及配套设施中心,3号楼为创意街区,4号楼为人才中心,5号楼为社区文化服务中心。项目方案效果图如图22.1所示。

图 22.1 安吉"两山"未来科技城科技人才中心建设项目方案效果图

22.2 BIM 技术应用成果与特色

本项目研究通过使用 Rhino 数字化设计工具,分析不同类型的玻璃拱高、单曲板和双曲板,并在保证外立面效果的前提下,进行曲面优化,降低材料加工和施工难度；研究批量生成幕墙面层和基层龙骨材料加工数据、空间坐标定位数据，在较短的工期内实现了复杂异形幕墙材料设计和加工。

22.2.1　利用参数化技术进行表皮分析优化

本项目 A1、A3、A4、A5 均为异形结构，若全部采用双曲弯弧玻璃，项目造价太大，所以类似项目就要通过数据分析，合理优化玻璃，将双曲玻璃优化成单曲玻璃。借助 BIM 对面材进行分析，并合理优化，统计翘曲量。表皮分析优化如图 22.2 所示。

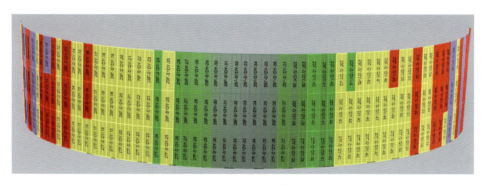

图 22.2　表皮分析优化

22.2.2　模块化程序辅助幕墙面板的下单

利用参数化技术，有针对性地编制幕墙面板下单的模块化程序，可轻松获取模型中各个种类的面板数据，自动生成下料单。同时，建立实际大小的面板模型，并给出对应的编号供后期数据的核查。模块化程序辅助幕墙面板的下单能极大提高面板下单的工作效率和准确性，避免大量的重复性工作。并且面板的处理程序对于其他工程仍然适用，可方便快捷实现面板的下单。面板模型、面板下单程序如图 22.3 所示，面板数据、实际模型及导出加工图如图 22.4 所示。

22.2.3　模块化程序辅助幕墙标准单元数字化下单

本项目部分板块仅尺寸大小、角度有所变化而型材使用截面没有变化，针对此类板块的数字化下单能大大提高效率。模块化程序辅助幕墙标准单元数字化下单如图 22.5 所示。

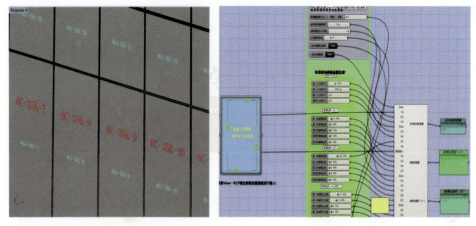

(a)面板模型　　　　　　　　　　　(b)面板下单程序

图 22.3　面板模型、面板下单程序

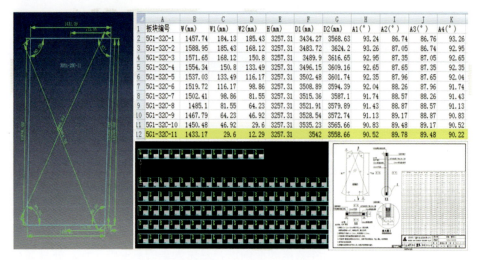

图 22.4　面板数据、实际模型及导出加工图

22.2.4　模块化程序辅助幕墙复杂单元板块的建模

用传统 CAD 三维模型建立方法来建此类板块类型众多、尺寸不断变化且包含渐变构件的幕墙板块模型，将面临巨大的工作量；而采用 BIM 参数化方式则可以轻松解决板块变化的问题，缩减工作量。模块化程序辅助幕墙复杂单元板块的建模如图 22.6 所示。

图 22.5 模块化程序辅助幕墙标准单元数字化下单

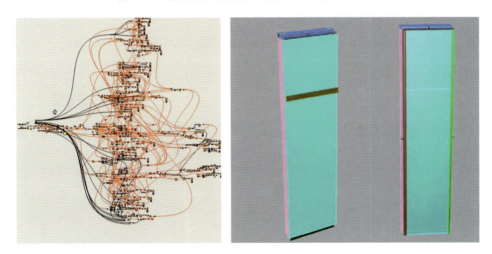

图 22.6 模块化程序辅助幕墙复杂单元板块的建模

为保证模型的模图使用及构件间各关系的正确性，避免编程人员的逻辑错误，通过三维模型导出二维视图（见图 22.7）用于模型的检验与校核仍然有必要。

利用三维模型导出少量二维视图，绘制必要的标准加工图及板块组装图供加工人员使用。

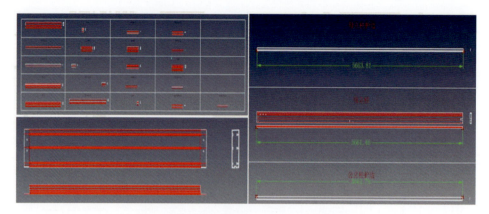

图 22.7 通过三维模型导出少量二维视图

22.2.5 利用单元式幕墙智能加工模块实现三维模型加工

将幕墙构件实体 3D 模型导入 CNC 设备接口软件,通过 CNC 设备接口软件的处理,自动生成与 3D 模型对应的加工程序,最终通过 CNC 实现自动化加工,整体实现无纸化运作。三维模型加工如图 22.8 所示。

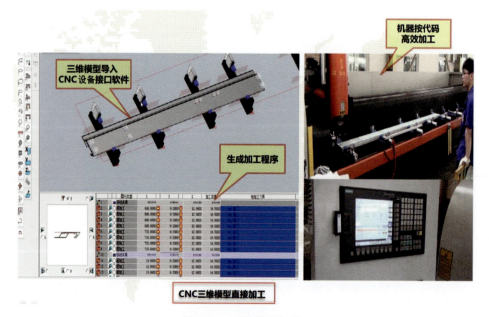

图 22.8 三维模型加工

22.2.6 BIM 在单元板块装货运输中的运用

BIM 在单元板块装货运输中的运用如图 22.9 所示。

图 22.9 BIM 在单元板块装货运输中的运用

22.2.7 利用 BIM 模型指导现场施工安装

利用 BIM 模型指导现场施工安装，部分交底图如图 22.10 所示。

图 22.10 单元板块现场施工安装

22.2.8　BIM 技术应用主要特点

（1）企业 BIM 协同平台运用参数化技术对复杂的幕墙模型进行精准分析，为设计提供有力的数据支持，让设计更具有针对性和可靠性。

（2）实现高效的表皮自动下单和导出加工图，能极大地减少设计工作量，减少出错。

（3）运用模块化程序参数化驱动三维模型，将大量重复工作交给计算机完成，提高工作效率。

（4）智能加工模块实现从 3D 模型到产品的无纸化运行，避免大量的二维加工出图，减轻设计师的工作量。

（5）项目管理更加科学、有效，各部门之间的协同更加高效。

22.3　BIM 技术应用总结与反思

本项目均为异形板块，运用传统方案工作量巨大，而 BIM 技术的运用使本项目可以减少 50%～70% 的变更单，减少 20%～25% 的各专业协调时间，缩短 5%～10% 的施工工期。

幕墙设计是建筑设计的深化，幕墙施工设计是实现建筑效果的关键阶段。幕墙外立面造型复杂且幕墙单元板块种类繁多，大多为异形板块，幕墙构件设计、加工、安装等一切数据来源于空间模型，使得幕墙构件的加工图设计工作量巨大，且过程中容易出错。将 BIM 技术引入幕墙设计的各个环节，充分利用计算机辅助完成各个环节的各项工作，对于提高效率和实现项目的科学管理有着极其重要的意义。

23
柳东新区文化广场幕墙项目

23.1 项目概况

柳东新区文化广场位于柳州市,是 2020 年广西文化旅游发展大会的观摩点,总投资 22 亿元,占地面积 103 亩,总建筑面积 19.5 万平方米,地上 7 层,地下 2 层,建筑高度 39.95 米。项目以"蝶·舞"为设计构思,整体展现了百花齐放、蝶舞翩翩的独特建筑造型,蝴蝶的四瓣翅膀分别是科技馆、青少年宫、群众艺术馆和文化配套中心。中建东方装饰承建 B 区(东侧)的群众艺术馆及文化配套中心,幕墙面积约 30000 平方米。项目方案效果图如图 23.1 所示。

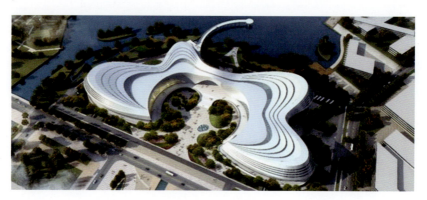

图 23.1 项目方案效果图

23.2 BIM 技术应用成果与特色

本项目研究通过使用 Rhino 数字化设计工具,分析不同类型的玻璃拱高及平板、单曲板和双曲板,并在保证外立面效果的前提下,进行曲面优化,降低材料加工和施工难度;研究批量生成幕墙面层和基层龙骨材料加工数据、空间坐标定位数据,在较短的工期内实现了复杂异形幕墙材料设计和加工;研究采用三维扫描技术,高效采集现场结构坐标数据,进行施工方案模拟、智能放样,满足绿色施工和智慧建造的需求。

23.2.1 投标阶段

投标阶段部分成果如图 23.2 至图 23.5 所示。

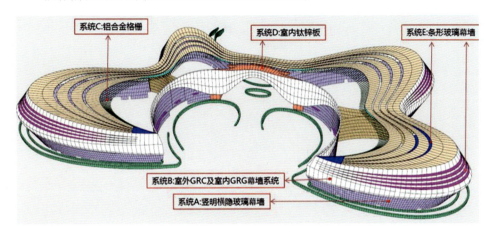

图 23.2 项目方案展示

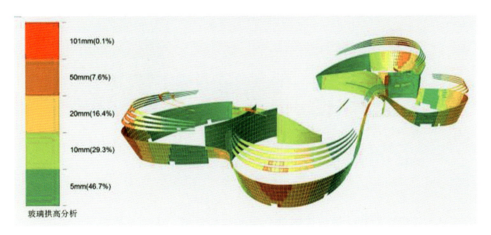

图 23.3 玻璃拱高分析

本项目研究通过使用 Rhino 数字化设计工具，分析不同类型的玻璃拱高及平板、单曲板和双曲板，并在保证外立面效果的前提下，进行曲面优化，降低材料加工和施工难度。在项目研究中，通过运用数字化设计工具 Rhino，深入分析了幕墙设计中涉及的多种要素，包括不同类型的玻璃拱高及 GRC 材料的平板、单曲板和双曲板等。这一过程着眼于在保证最终外立面效果的前提下，实现曲面结构的最佳优化，以降低材料加工和施工过程中的难度和复杂性。Rhino 这一数字化设计工具为幕墙设计师提供了精确的建模和分析支持，使其

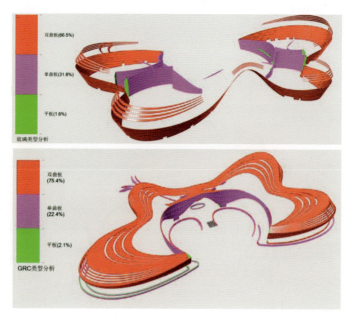

图 23.4 玻璃和 GRC 类型分析

图 23.5 批量优化曲面

能够对不同类型的构件进行详细的几何和结构分析。通过在数字环境中模拟不同玻璃拱高、GRC 材料构件的特性，幕墙设计师能够更好地掌握其在整体外观中的表现，并对其性能进行评估。这种方法有效地降低了设计方案的风险，减少了在后期施工阶段可能出现的问题，从而提高了项目的成功实施率。曲面优化成为项目研究中的关键环节。通过数字化设计工具，幕墙设计师能够对曲面进行精细调整，使其既符合建筑审美要求，又满足结构和功能的需求。这种优化过程涉及各种参数的微调，如曲率、角度和比例等，以确保幕墙在不同角度和光线照射下都能够呈现出理想的效果。最终，数字化设计工具的应用使得幕墙项目在设计、加工和施工阶段的协同更加紧密。通过准确的模拟和分析，幕墙设计师能够在早期识别潜在问题并进行修正,从而避免了后期的不必要麻烦和额外成本。在整个过程中,以数字化为基础的方法为幕墙设计注入了创新活力,推动建筑技术在这一领域的持续演进。

23.2.2 深化设计阶段

深化设计阶段部分成果如图 23.6 至图 23.10 所示。

已完实体扫描

点云模型整合

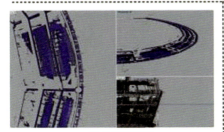
点云模型剖切

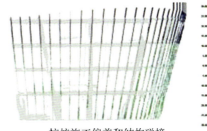
校核施工偏差和结构碰撞

图 23.6　三维激光扫描

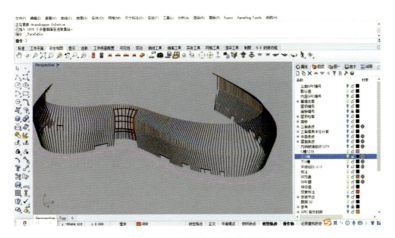

图 23.7　基层龙骨批量创建

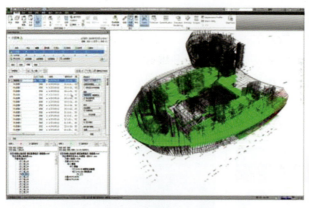
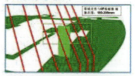
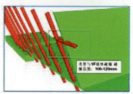

图 23.8　碰撞检查

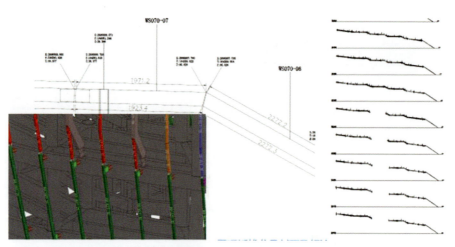

图 23.9　一键出图纸

图 23.10　方案模拟

在这项研究中，通过采用创新性的方法，成功实现了复杂异形幕墙的高效设计和加工。通过批量生成幕墙面层和基层龙骨的材料加工数据以及空间坐标定位数据，项目团队在相对较短的工期内实现了对复杂异形幕墙的设计和制造。项目团队利用先进的数字化设计技术，如三维建模和数据生成，使得幕墙设计和制造过程更加智能化和高效化。通过建立精确的三维模型，将幕墙面层和基层龙骨的材料特性、加工规格以及空间定位等信息纳入模型中，实现了对不同构件的批量生成和管理。这种方法不仅减少了人为错误，还加速了设计和制造的流程，使得复杂异形幕墙的实现成为可能。同时，三维扫描技术的应用进一步提升了整个项目的效率和准确性。在现场使用三维扫描仪，可以高效地采集到建筑结构的精确坐标数据，为施工方案模拟和智能放样提供基础。这样的数据采集过程不仅节省了时间，还大大减小了测量误差，为后续工作的准确进行奠定了基础。这项研究的成果还响应了绿色施工和智慧建造的需求。通过将数字化设计技术与现场实际操作相结合，项目团队能够更好地控制材料和资源的使用，减少浪费，从而实现更加环保的施工过程。此外，智能放样和施工方案模拟也有助于提前发现问题并做出调整，进一步降低了施工风险。总之，这项研究不仅在幕墙设计和制造领域取得了显著成果，还为建筑行业的数字化转型和智能化发展提供了有益的范例和经验。

23.2.3 施工阶段

施工阶段部分成果如图 23.11 至图 23.13 所示。

图 23.11　BIM 信息流转

图 23.12　基于 EBIM 平台进行材料追踪管理

图 23.13　无人机航拍

在这个项目的施工阶段，采用了一系列先进的技术和方法，以提高效率、优化管理，并确保施工过程的顺利进行。首先，项目团队利用 BIM 技术，实现了信息的高效流转。通过将设计、施工和管理信息整合到一个统一的数字模型中，项目团队可以实时共享各种数据，从而实现更好的协同工作。这种信息流转不仅有助于减小信息传递的误差，还能够在施工过程中快速响应变更，提高项目的适应性。其次，基于二维码的材料管理系统在施工现场得到了应用。每种材料都附带唯一的二维码，通过扫描二维码，可以迅速获取该材料的详细信息，包括来源、规格、数量等。这一系统有效地简化了材料管理过程，减少了人为错误，同时提高了材料的追踪和溯源能力，确保施工质量和安全。在测量和定位方面，全站仪成为施工现场的重要工具。全站仪能够高精度地测量各种结构和元素的坐标，确保施工的准确性和精度。将全站仪与 BIM 模型结合使用，可以实现设计与实际施工之间的无缝对接，从而避免误差和不一致。另外，无人机航拍技术在施工现场也发挥了重要作用。无人机能够高空俯瞰整个施工区域，快速获取大范围的图像和数据。这些数据可以用于监测施工进度、定位问题和风险，同时为项目管理提供了全面的视角。无人机航拍技术不仅提高了施工监控的效率，还为项目决策提供了有力支持。

综上所述，通过采用 BIM 信息流转、基于二维码的材料管理、全站仪和无人机航拍技术等先进手段，该项目实现了高效、精确的施工，向实现绿色施工和智慧建造的目标迈出了坚实的一步。

23.3 BIM 技术应用总结与反思

在本项目中，BIM 技术的广泛应用产生了丰富的社会效益，具体体现在以下方面。

首先，通过运用先进的三维扫描技术、参数化下单及出图技术、二维码物料追踪技术等，项目团队成功地完成了复杂造型幕墙的设计和施工。这些技术的协同应用为幕墙的制造、安装和监管提供了全新的方式，使得整个工程能够更加高效、精准地进行。特别是在设计和施工的协同过程中，BIM 技术为团队提供了一个数字化的平台，使得各项工作能够紧密配合，从而大大减小了误差，避免了延误。

其次，这些成功的应用也受到了建设单位的高度认可，进一步提升了公司在异形幕墙项目建设领域的竞争力。通过在本项目中展示先进的技术和高水平的执行能力，公司成功地树立了在高端建造领域的形象。这不仅有助于公司持续推动高端建造战略的实施，还为未来项目的获得和合作创造了更有利的条件。

最后，本项目中的 BIM 技术应用不仅仅是一种工具，更体现了公司的管理水平和创新意识。通过将数字化设计技术应用于项目中，企业积极拥抱了数字化时代的发展趋势，展现出了对技术不断创新的追求。这种创新意识不仅提升了企业的技术能力，还对品牌形象的进一步建立产生了积极的推动作用。

综合而言，本项目中 BIM 技术的应用产生了多方面的社会效益，包括提升了项目的执行效率、增强了公司的竞争力、展示了管理和创新能力。这些效益不仅在本项目中得到了体现，还为企业未来的发展提供了宝贵的经验。

24
许昌市科普教育基地工程幕墙项目

24.1 项目概况

许昌市科普教育基地工程是许昌市中轴线第二节点"科技之星"的核心建筑，总建筑面积为 72227 平方米，总造价为 6 亿元，其中钢结构使用 2000 余吨，铝板幕墙面积约 36000 平方米，是一座融合青少年宫、科技馆、海洋馆、地下商业街及配套地下车库多功能于一体的综合性公共建设项目，也是集城市智慧和创新于一体的现代化建筑。本项目以许昌特有的钧瓷文化遗产为出发点，以瓷器拉坯、烧窑的过程为灵感，巧妙地将"三馆"以曲折拉伸的形式结合在一起，通过计算机三维参数化的建筑设计，使其造型富有时代感又极具许昌特色。许昌市科普教育基地航拍图如图 24.1 所示。

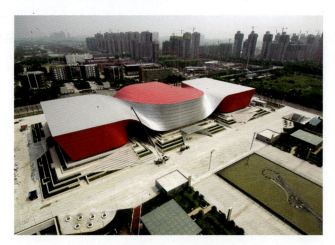

图 24.1　许昌市科普教育基地航拍图

24.2 BIM 技术应用成果与特色

在这个项目中，项目的异形板的空间扭曲、穿孔铝板的多样性以及双侧连廊结构的复杂性都带来了施工的挑战。为应对这些问题，本项目采取了多种创新手段与策略。通过将铝板龙骨分割成多个单元，并分别投入不同的劳务队伍进行流水线式施工，有效应对了结构的复杂性问题。利用BIM放样机器人和三维扫描仪的精准测量，实现了焊接球的定位、龙骨的装配以及结构的一次性安装，大大提升了施工效率和准确度。此外，无人机航拍技术的运用，使项目管理更加实时。通过与设计模型对比，监控施工进度与实际完成情况，确保了幕墙的安装质量。这些策略和手段的综合应用，使得本项目能够成功应对复杂的施工挑战，确保幕墙安装的精准性与外立面的完美呈现。

24.2.1　网架分割和劳务队伍组织

在进行网架分割和劳务队伍组织方面，首先将双侧连廊的铝板龙骨根据已施工的钢结构进行合理分割，划分为352片球网架单元。这些单元的最大对角线尺寸达到30米乘以15米，面积最大可达160平方米，而最大重量则约为4吨。为了高效地进行施工，整个项目动用了共计4个劳务队伍，每个队伍均包含下料、组装、满焊、防腐以及吊装班组，以便在网架的施工过程中实现协同合作，形成高效的流水作业。每个劳务队伍在特定的作业环节中发挥着重要的作用。下料班组负责根据精确的尺寸要求，将铝板龙骨进行切割，确保单元尺寸的精准度，为后续的组装工作打下坚实的基础。组装班组将切割好的零部件按照设计要求组合在一起，确保网架的结构稳定性和整体性能。满焊班组负责对组装好的部件进行焊接，保障网架的强度和耐久性。防腐班组则在焊接完成后，进行防腐处理，以延长网架的使用寿命，同时保护其免受环境因素的影响。最后，吊装班组将经过各项工艺处理的网架单元（见图24.2）进行吊装安装，确保每个单元都能准确地定位并固定在预定位置，从而完成整体网架的搭建。这种分工与协作的方式使得网架施工过程更加有序高效，同时也确保了每个环节的质量和安全。通过合理的任务划分和精细的协作，劳务队伍之间能够紧密配合，以最大限度地提高施工效率，同时确保项目的质量和进度得到可靠的保障。

图24.2　网架单元

24.2.2 测量设备的应用

在双侧连廊幕墙项目中,通过投入先进的测量设备,即 BIM 放样机器人和 X130 三维扫描仪,实施了高精度的施工流程,以保障幕墙的精准定位、组装以及最终的安装。这些技术手段的应用在施工过程中起到了关键作用,提高了效率,确保了施工质量。在使用 BIM 放样机器人方面,通过从 Rhino 软件中提取空间点位坐标,导入 Trimble 内业平板电脑中,实现了对焊接球的三维空间定位。这种机器人在地面组装过程中,准确将焊接球放置在预定位置,通过"指哪儿打哪儿"的方式,实现了高效而精准的组装操作。这种方法不仅节省了大量的人力,还保证了扭曲面龙骨的一次安装到位。X130 三维扫描仪的应用也为项目带来了显著的优势。通过激光测距原理,它能够快速获取物体表面各个点的坐标,生成真彩色三维点云模型。在本项目中,该扫描仪被应用于异形钢结构的扫描测绘。通过扫描生成的点云文件,可以与 BIM 模型进行比对,从而检测空间碰撞和异常情况。X130 三维扫描仪凭借高测量精度和快速扫描确保了数据的可靠性和高效性。在施工前三维扫描技术应用在土建和已安装钢结构上,为后续施工提供了重要的依据。通过与设计模型的比对,可以准确发现位置的异常,从而预防潜在的问题。在幕墙的组装阶段,通过三维扫描仪和 BIM 技术的联合应用,实现了地面组装网架的准确定位,为后续施工阶段提供了可靠的基础。总之,双侧连廊幕墙项目充分发挥了 BIM 放样机器人和 X130 三维扫描仪的优势,实现了高效、精确和可靠的施工流程。这些技术手段的应用不仅提升了施工效率,还确保了幕墙的质量和安全,为项目的成功完成提供了坚实的支持。

X130 三维扫描仪如图 24.3 所示,放样机器人操作界面如图 24.4 所示。

图 24.3　X130 三维扫描仪

图 24.4　放样机器人操作界面

24.2.3 无人机航拍技术

在项目的日常管理过程中运用无人机航拍技术，可以为幕墙施工提供全面而实时的监控与管理支持，因为可为项目管理者、工程师和相关利益相关者提供重要的信息，这种技术的应用在建筑施工行业中变得越来越普遍。通过无人机航拍技术，项目管理团队能够获知完整的幕墙施工情况。无人机可以在不受地形限制的情况下飞行，从多个角度拍摄整个施工现场，以及幕墙的各个部分。这种全景式的视角可以准确地反映出施工进度、施工质量以及材料使用情况，帮助管理人员及时了解项目的实际情况。无人机航拍技术的一个重要的应用是将实际完成情况与 BIM 模型进行对比。通过无人机航拍的高清影像，可以将实际施工情况与设计模型进行比对，从而发现潜在的偏差或问题。这不仅有助于及早发现并解决施工中的问题，还可以提前预防潜在的错误，确保项目按照设计要求进行。此外，利用无人机航拍技术还能够实时掌握幕墙铝板安装情况，以及其他相关的施工进展。管理人员可以通过航拍影像，查看具体的安装细节，评估施工质量，甚至识别可能的安全隐患。通过及时的数据反馈，项目团队可以更加主动地进行调整和管理，确保项目按时、按质完成。综合来看，无人机航拍技术在幕墙施工项目的日常管理中具有巨大的潜力。它不仅提供了高效的数据收集手段，还为项目管理提供了更全面的信息，帮助项目团队更好地掌握施工现场全貌，提升施工效率，确保项目的成功交付。无人机航拍展示如图 24.5 所示。

图 24.5 无人机航拍展示

24.3 BIM 技术应用总结与反思

在这个项目中，通过 BIM 技术的应用，成功应对了项目的异形板空间扭曲、穿孔铝板多样性和双侧连廊结构复杂性等施工挑战。采用将铝板龙骨分割为多个单元的策略，并结合流水线式施工，有效应对了结构的复杂性问题。利用 BIM 放样机器人和 X130 三维扫描仪的精准测量，实现了焊接球的定位、龙骨的装配以及结构的一次性安装，大大提升了施工效率和准确度。无人机航拍技术的运用，实现了实际完成情况与设计模型的对比、监控施工进度与实际完成情况，确保了幕墙的安装质量。这些技术手段的综合应用，使得本项目能够成功应对复杂的施工挑战，确保了幕墙安装的精准性与外立面的完美呈现。

综上所述，BIM 技术在本项目中的多层次应用，不仅提高了施工效率和质量，还为类似项目提供了宝贵的经验。

25

丽泽 SOHO 项目外幕墙设计与建造

25.1 项目概况

丽泽 SOHO 位于北京市丰台区丽泽金融商务区，是 ZAHA 与 SOHO 中国合作的又一地标性建筑。整个项目由 ZAHAHADID 建筑事务所设计，由北京市建筑设计研究院股份有限公司深化设计，总建筑面积约 17.28 万平方米，幕墙面积约 5 万平方米，建筑高度为 200 米，由南北两座扭转上升的塔楼和世界上最高的中庭构成。南北塔结构旋转对称，采用了单元式玻璃幕墙，中庭空间每 50 米设计了一道钢结构桁架与南北塔楼相连，并采用了单层钢网壳结构支承的点式玻璃幕墙。整体设计追求可持续发展理念，充分考虑了室内外景观、自然通风、节能、雨水收集及对自然光的利用。该项目的设计和实施过程无不充满挑战。项目方案效果图如图 25.1 所示。

图 25.1 项目方案效果图

25.2 丽泽 SOHO 项目外幕墙设计与建造

丽泽 SOHO 项目外幕墙采用异形箱体式单元幕墙。在设计阶段引入 BIM 辅助设计系统，BIM 辅助设计系统的应用贯穿建筑表皮几何分析、幕墙方案选型、幕墙系统设计、幕墙深化设计等多个步骤。在建造阶段，BIM 辅助设计系统的应用贯穿材料入库检验，钢架的加工及质量控制，型材、铝板加工及质量控制，单元板块组装，单元板块组装精度控制，施工安装等多个流程。

25.2.1 建筑表皮几何分析

提取异形箱体式幕墙系统单元系统，首先要做的是把建筑表皮分析透。幕墙是建筑外维护结构，幕墙构造与表皮特点息息相关。所有幕墙杆件几何的装配关系决定了选用的构造形式，而构造形式的合理性又必须通过理论的分析进行验证。

丽泽 SOHO 典型平面图（见图 25.2）由 3～5 段圆弧拼接的近似拟合成椭圆。每一段圆弧在焦点的曲率变化是连续的，并不只是曲率半径相同或者法线相同，一级或者二级要达到三阶，则需要整个弧线曲率变化比较均匀。

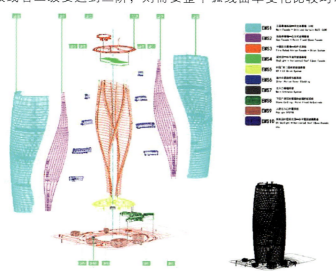

图 25.2 丽泽 SOHO 典型平面图

对建筑表皮进行参数化处理,幕墙顶部控制线和底部控制线翘曲值为166毫米,记外侧面翘曲值为A_1和A_2,A_1不等于A_2,常规单元板块的A_1变化范围为253~510毫米,A_2也是一个变化的翘曲值。实际上,表面玻璃的其他四个面是铝板。

丽泽SOHO的单元板块由完全不一样的几何体组成,这对批量化设计造成了很大的麻烦。经过氧化后的建筑表皮,中庭部分翘曲越来越大,出挑的尺寸越来越大,靠近中庭部分几乎是平的但又不是平的。

整个建筑考虑到自然采光、自然通风,在510毫米出挑的单元板块侧面的铝板后面设置了隐藏的开启扇。为了避免开启窗对建筑立面的影响,采用旭格的系统窗,它呈近似平行四边形,且倾斜开启。

经过分析,可总结出单元体的特点:单元体是标准的,但是不规则的六面体,严格意义上每个单元体都是不同的。典型部位表皮的每个板块的相对关系、相对位置都是变化的。单元板块几何定义规则如图25.3所示,典型单元体几何模型如图25.4所示。

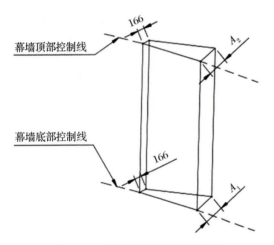 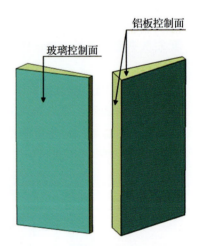

图 25.3　单元板块几何定义规则　　　　图 25.4　典型单元体几何模型

25.2.2　幕墙方案选型

做单元系统设计时,首先要考虑的是幕墙的防水线设置位置。若通过平面拟合后叠差翘曲值很小,就可以把这个内层的错缝平面作为防水面,外层凸起的构造是装饰构件。基于这样思路在方案选型上找准了一个方向。单元系统防水策略如图25.5所示。

幕墙方案选型的影响因素如下。

图 25.5　单元系统防水策略

（1）建筑层高。一般建筑采用标准化层高——4.1 米、5.1 米、5.7 米、7.1 米、8.1 米，跨度非常大。

（2）幕墙单元分格宽度。每一个板块最小的重量超过 1 吨，常规板块 200～400 千克重，一个板块重量超过 1 吨。

（3）玻璃尺寸及厚度。为了节约成本，尽量选用经济的玻璃厚度。因为幕墙框架体系在后面，玻璃在悬挑部位，所以玻璃自重对整个玻璃构架造成的偏心影响也是需要考虑的。

（4）箱体最大悬挑尺寸。远端一侧翘曲值为 510 毫米，项目下半部分往外倾，上部分往内倾，在风荷载作用到表面后，风荷载会有侧向水平的分力，实际上悬挑越大、角度越陡，分力越大，这也是设计时要考虑的。

（5）单元箱体形状特征。实现不同的单元箱体形状，但通过标准的构造，不可能用一个板块做一个构造，或者某一类板块做一个构造，这对于批量化设计就有要求。

（6）保温性能要求。出挑大，包括侧边上下收口都需要考虑保温，尽量降低实体部分对整个幕墙系统热工性能的要求。

（7）开窗尺寸要求。上面空间本来就很窄，最大出挑 500 毫米，加上构造本身尺寸和窗框本身尺寸，开启的空间很小。

（8）荷载因素。这个项目是按照 300 帕侧向荷载实施的。

（9）装饰材料类型及配置，包括组装工艺、安装构造工艺。

（10）加工、装配工艺。异形箱体只能定制，这个项目一层楼有 96 个板块，一共有 4000 多个板块是定制的。

25.2.3　幕墙系统设计

幕墙系统设计需要符合以下要求。

（1）符合幕墙性能的五大要求。

在幕墙系统设计中，对幕墙性能的要求是：风压变形性能 5 级，空气渗透性能 5 级，雨水渗透性能 3 级，保温性能 5 级（$K \leqslant 2.0$），隔声性能 3 级。这也是北京高端写字楼项目或者共建项目中基本的要求。

整个系统采用了典型的"三道两腔"的排水思路。隐藏逐层排水有很多的优点，尤其是在台风地区、高风压地区运用非常多，效果非常好。单元系统典型防水构造如图 25.6 所示。

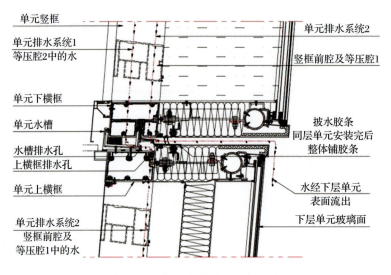

图 25.6　单元系统典型防水构造

(2) 满足透明部分导热系数和非透明部分导热系数的要求。

至于热工分析（见图 25.7），这个项目透明部分导热系数是 1.901 W/(m·K)，非透明部分导热系数为 0.377 W/(m·K)，都满足设计要求。

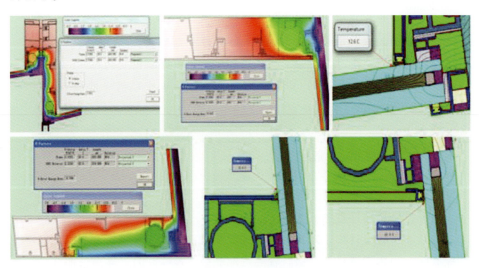

图 25.7　热工分析

（3）关注错缝单元构造设计的关键因素。

在进行错缝单元构造设计时，需要注意以下关键因素：上横框宽度适应范围、上横型材与水槽型材间隙的密封、上横型材与水槽型材的可靠连接、插芯型材设计与验算。

通过 BIM 模型，可以将错缝单元的上横框宽度范围数据提取出来，经过分析发现翘曲点到上一层板块中的玻璃表皮有 2 厘米的距离，设计时就需要考虑把它延长加宽。

对于上横型材和水槽型材间隙的密封，很多人不认可这种做法，认为上横型材与水槽型材间有缝隙会漏水。确实存在这个情况，而且前后胶也有可能撕裂。但这个项目在密封上进行了加强处理，加了 3 道密封胶条，再加上内外打胶，实际上有 5 道密封，这极大保证了密封性。当然，这样处理也有弊端：上横型材由自攻螺钉固定，螺钉有一个 5~6 毫米的悬臂，而胶条最忌讳有悬条，因为螺钉抗弯非常弱。因此，在胶条的隔离基础上又增加了 1 块加强的垫板，避免螺钉的抗弯、受弯。

底部的荷载到上一块板块中，是最不利的情况。因此，要通过插芯的传递分析计算板块的强度。插芯构造在设计时尽量考虑有效的作用受力区域，构造做厚一点、做短一点有利于节约成本，最终验算插芯高度、壁厚。错缝单元构造设计如图 25.8 所示。

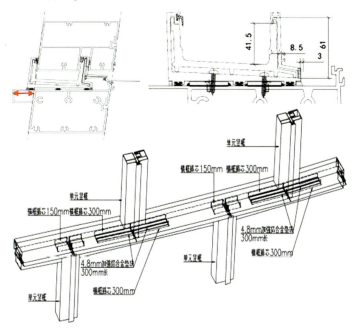

图 25.8　错缝单元构造设计

(4) 组合钢架及其连接设计注意事项。

在进行组合钢架及其连接设计（见图 25.9）时，应该考虑自重、侧向荷载、温度应力、球铰连接校核这几个因素。

BIM 模型中选用球杆的系统，钢管受力轮毂受力垂直于平面外，作用方向跟常规的型材主轴方向不一致。型材不是最强轴的受力，整个系统若选用圆管惯性值最大化，无方向性，角度的连接则要用球角机械加工的钢球（见图 25.10）以适应它的角度。整个悬挑大的部分靠剪刀撑承担自重荷载、水平风荷载附加的风量，这是不同的跨度的钢架情况。

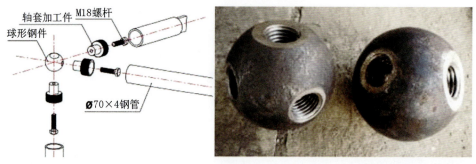

图 25.9　组合钢架及其连接设计　　图 25.10　球形节点适应变角度，保证板块精度

丽泽 SOHO 项目是钢铝结合，经过验算是安全的。挂接系统设计的槽型预埋件长度为 600 mm，转接挂座采用铸钢件，挂轴采用 8.8 级 M32 高强螺杆。挂接系统设计如图 25.11 所示。

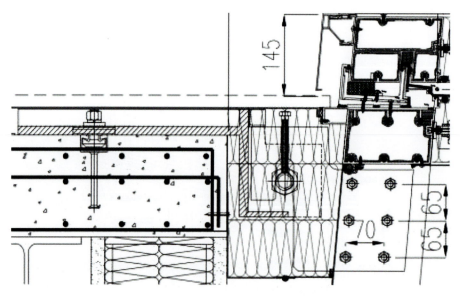

图 25.11　挂接系统设计

25.2.4 幕墙深化设计

由于二维施工图表现的局限性,引入了 BIM 辅助设计系统。在计算机配置比较好的前提下,不超过 5 分钟就自动生成一层模型,实现参数化建模、自动生成单元体模型、根据设计需求自动输出零件加工图纸和数据信息,如图 25.12、图 25.13 所示。

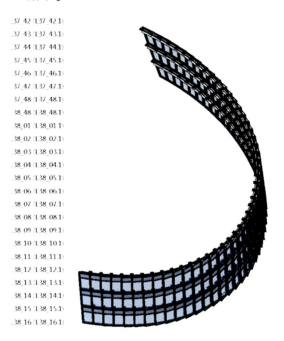

图 25.12 根据设计需求自动输出零件加工图纸和数据信息

25.2.5 幕墙建造阶段

在这个阶段,要严格把关质量,从材料的入库检验(见图 25.14)到过程检验、实施,最难的是单元幕墙组装精度的控制,尤其是组合型的单元式幕墙。对于钢架的加工质量,边长的误差为 ±2 mm,对角线长的误差 ±3 mm,角度的误差 ±0.05°,每一步都进行有效检测和控制。另外,整个项目外围的铝板实际上是 C 形完整的铝板。

单元板块组装工艺流程是铝框→内装饰(装饰面、面材)→保温玻璃→封外侧铝板。对单元板块组装精度的控制,主要分六步进行:铝框组装尺寸控制→钢框组装尺寸控制→钢框上钢件定位尺寸控制→铝框与钢框装配尺寸控

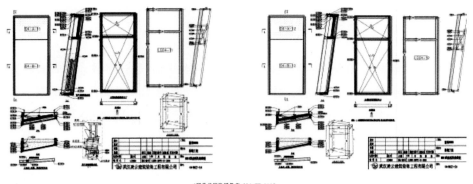

图 25.13 图表结合，所有数据表由 BIM 软件自动生成

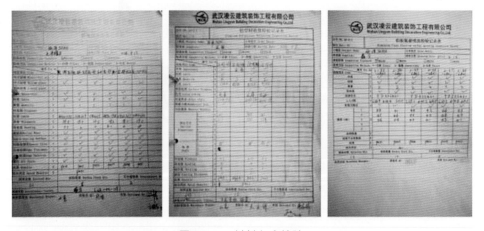

图 25.14 材料入库检验

制→玻璃面板尺寸控制→完成板块外轮廓尺寸控制。在这方面，丽泽 SOHO 项目共进行视觉样板、工艺样板、性能测试三个设计验证。

　　这种将近 8 米高的空间用常规安装方式解决不了问题，于是在施工时运用了安装塔吊进行垂直运输。第 1 层到第 24 层用滑行轨道，上去以后架设塔吊。玻璃幕墙的外观质量控制也是这个项目值得学习的地方，本项目玻璃外墙的平整度控制得非常好，虽然每一个玻璃面的角度不同，但反射出来的平整度效果非常好。单元板块组装流程如图 25.15 所示。

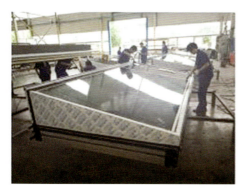
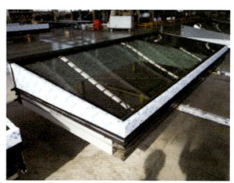

图 25.15　单元板块组装流程

25.3　BIM 技术应用总结与反思

在做复杂造型建筑幕墙方案设计时，从几何原理和力学原理入手，采用系统性思维综合考量，化繁为简，用传统的技术设计手段，用传统材料做出精品工程。类似丽泽 SOHO 的"定制幕墙"项目，不能完全依据 2D 施工图进行生产与施工，只有 3D 模型、3D 施工图才能提供更加高效的设计与实施体验，这在工程应用中也被越来越多的业主和设计单位提出。

BIM 技术极大地提高了设计效率，但须与传统工艺需求和工厂自身条件相结合，才能发挥实际作用，减少错误，创造出实实在在的价值。丽泽 SOHO 设计施工难度特别大，在实施过程中不可预见的问题比较多，需要从事幕墙设计以及现场施工管理的人员凭高度的责任心去发现问题、解决问题，才能保证项目的完成品质，对业主负责，对工程负责。

26

深圳国际会展中心(一期)七标段幕墙项目

26.1　项目概况

深圳国际会展中心位于深圳市宝安区福海街道的会展新城片区，其幕墙工程七标段的幕墙面积约 16 万平米，主要分为屋面幕墙系统、廊道玻璃盒子幕墙系统、蜂窝铝板吊顶系统和栏杆系统，幕墙类型为框架幕墙，其中屋面幕墙系统采用装配式单元板块设计方案。

项目方案效果图如图 26.1 所示。

图 26.1　项目方案效果图

26.2　BIM 技术应用成果与特色

（1）项目应用 BIM 技术对幕墙系统进行整体建模，解决了复杂幕墙的造型设计、专业间的碰撞问题。

（2）幕墙面积约 16 万平方米，体量巨大。

（3）7 个标段同时施工，各交叉作业面多，管理难度较大。

（4）全程应用 BIM 技术，各参建方基于云平台参与沟通协调，是一个 BIM 技术应用的典型成功案例。

26.2.1　BIM 应用标准

项目组织编写了《深圳国际会展中心（一期）工程总包 BIM 管理策划》《深圳国际会展中心 BIM 统一建模标准》《深圳会展中心 BIM 施工管理平台规划》等文件，用于明确指导项目 BIM 工作的开展。

26.2.2　BIM 软件选择

项目屋面幕墙系统构建采用 Rhino 软件，结合 Grasshopper 辅助完成建模、提料、工艺制作；玻璃盒子造型采用 Revit 软件；施工模拟、动画、碰撞采用 Navisworks 软件。软件选择如图 26.2 所示。

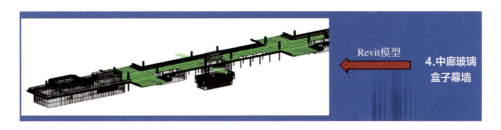

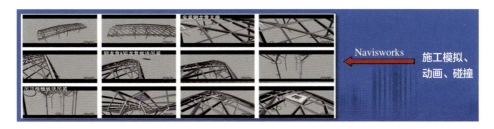

图 26.2　软件选择

26.2.3 前期表皮优化

根据项目特征进行分析,将整个模型划分为3个模块(4个K1,3个K2,1个K4),优化后建模部分仅为图纸红色框部分。这使得建模、设计下料、工厂加工的工作量减少,同时降低了出错率。优化后,此部分工作量减少50%。前期表皮优化如图26.3所示。

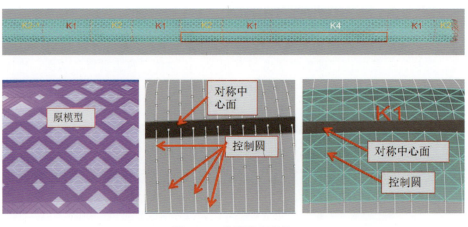

图 26.3 前期表皮优化

26.2.4 图纸深化设计应用与指导

在深化设计阶段,融合BIM与施工图节点设计,通过BIM建模验证节点方案的可实施性,同时针对复杂位置、收口位置,通过BIM指导节点深化设计。中廊玻璃盒子幕墙屋面部分为框架幕墙系统,依据工程特点,采用整体吊装施工方案,在工厂加工成单元成品,运往现场后对单元板块实施整体吊装,优点是将加工组装环节放在工厂,保证了加工质量;在施工现场将单元板块吊装至屋面,通过钢支座与主体钢结构连接,减少了施工现场的焊接量,降低了安装难度,加快了工程进度,同时保证了工程质量。屋面深化模型如图26.4所示,吊顶深化模型如图26.5所示,立面深化模型如图26.6所示。

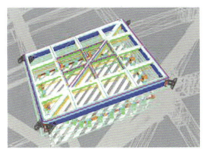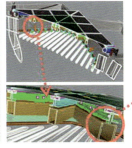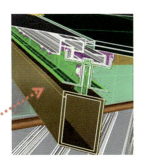

图 26.4　屋面深化模型

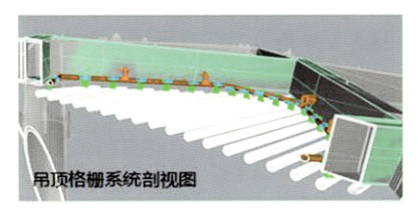

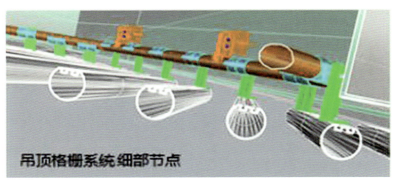

图 26.5　吊顶深化模型

26.2.5　参数化建模

屋面幕墙系统面板间夹角不规律，夹角种类多，建模工作烦琐且工作量巨大，应用 Grasshopper 自行编制小程序快速建模，将中间重复、烦琐工作由计算机完成，可达到快速建模的目的，如图 26.7、图 26.8 所示。

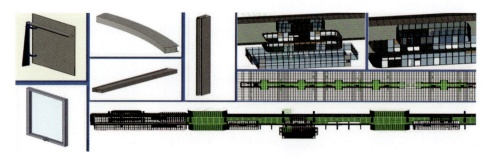

图 26.6　立面深化模型

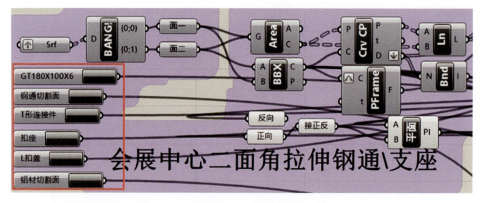

图 26.7　建模程序

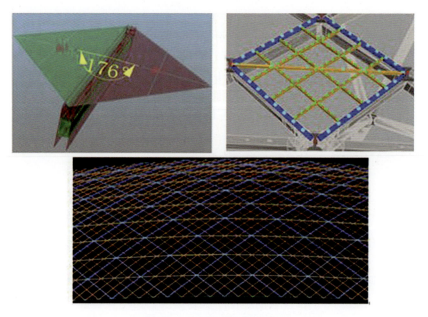

图 26.8　参数化批量建模

26.2.6 参数化工艺数据提取

应用 Grasshopper 自编程序从模型中提取面板的尺寸数据并标注显示,同时将数据提取至外部表格,用于面板工厂工艺加工。程序设计的参数实现模型与标注、模型与表格的数据联动修改,提升设计效率和数据准确性。模型排版编号如图 26.9 所示,工艺尺寸数据提取如图 26.10 所示,面板排版及标注如图 26.11 所示,工艺尺寸标注如图 26.12 所示。

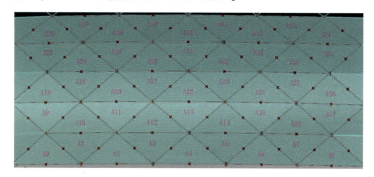

图 26.9 模型排版编号

面板编号	边长1	边长2	边长3
A0	L0=5913.9	L1=5876.8	L2=9001.4
A1	L0=5876.8	L1=9000.0	L2=5876.8
A2	L0=5876.8	L1=5913.9	L2=9001.4
A3	L0=5913.9	L1=9005.3	L2=5844.0
A4	L0=5844.0	L1=5958.7	L2=9012.1
A5	L0=5958.7	L1=9018.2	L2=5816.1
A6	L0=5816.1	L1=6016.5	L2=9031.4
A7	L0=6016.5	L1=9035.0	L2=5792.1
A8	L0=5792.1	L1=6097.2	L2=9057.8
A9	L0=5849.7	L1=9001.4	L2=5881.6
A10	L0=5881.6	L1=5881.6	L2=9000.0
A11	L0=5881.6	L1=9001.4	L2=5849.7
A12	L0=5849.7	L1=5917.9	L2=9005.3
A13	L0=5917.9	L1=9010.3	L2=5823.3
A14	L0=5823.3	L1=5961.4	L2=9018.2
A15	L0=5961.4	L1=9022.7	L2=5803.1
A16	L0=5803.1	L1=6018.1	L2=9035.0
A17	L0=6018.1	L1=9034.4	L2=5789.4
A18	L0=5892.2	L1=5867.4	L2=9001.4
A19	L0=5867.4	L1=9000.0	L2=5867.4
A20	L0=5867.4	L1=5892.2	L2=9001.4
A21	L0=5892.2	L1=9004.9	L2=5847.4
A22	L0=5847.4	L1=5921.7	L2=9010.3
A23	L0=5921.7	L1=9015.0	L2=5833.4
A24	L0=5833.4	L1=5959.4	L2=9022.7
A25	L0=5959.4	L1=9024.6	L2=5826.3

图 26.10 工艺尺寸数据提取

图 26.11 面板排版及标注

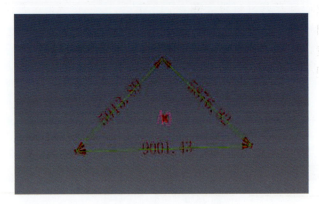

图 26.12 工艺尺寸标注

26.2.7 施工应用与指导

由于中廊玻璃盒子幕墙屋面曲率变化大，板块定位变得烦琐复杂，因此所用幕墙构件均采用三维控制点定位安装。从 BIM 模型导出三维控制点用于现场构件安装定位，保证施工质量。制作安装动画及系统模型，进行可视化交底，指导现场施工。现场实物安装如图 26.13 所示。

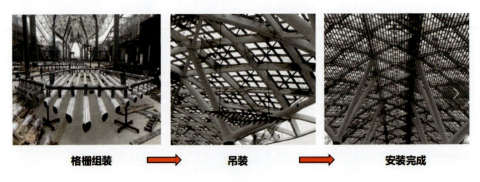

图 26.13 现场实物安装

26.2.8　BIM 协同应用

在项目前期，应用 BIM 与建筑师、项目协作各方进行协同设计，提前发现问题、解决问题。针对后期部分设计变更，通过 3D 模型与建筑师进行细节沟通交流，以更直观、清晰的方式方便快捷地展示沟通内容，大大提升工作效率。

将各专业模型汇总、整合，将幕墙模型与相关专业模型进行碰撞检查，检查是否存在出现冲突的情况，形成可视化检测报告。本项目已通过多专业协调检测模型，发现数十个冲突，将问题在正式施工前解决，避免了材料浪费及工期延误。可视化协同如图 26.14 所示，碰撞检查如图 26.15 所示。

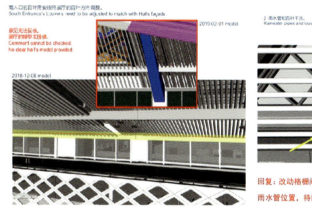
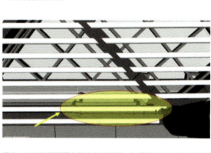

图 26.14　可视化协同

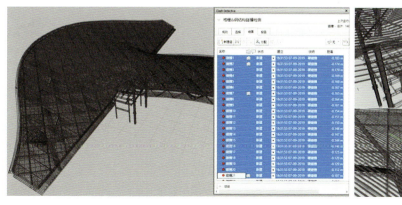

图 26.15　碰撞检查

26.2.9 施工动画模拟可视化交底

应用 3D 模型制作动画,用于工艺组装、现场安装工序指导,使得沟通更加直观、清晰,减少误解。可视化交底如图 26.16 所示。

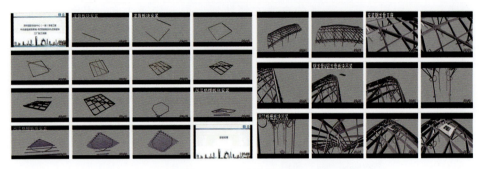

图 26.16 可视化交底

26.2.10 BIM 平台协同

项目通过广联达协筑云平台(见图 26.17),管理各参与方的模型、图纸并进行问题沟通。所形成的过程文件都存于协同平台,使得沟通更高效、文件更完整。

图 26.17 协同平台

26.3 BIM技术应用总结与反思

深圳国际会展中心（一期）七标段幕墙工程造型复杂、体量巨大，幕墙面积约16万平方米。本工程将BIM技术应用于设计优化、工程量统计、碰撞检查、施工动画模拟、虚拟建造、可视化技术交底、云平台协同、智能制造等方面，有力推动了BIM技术在幕墙工程中的应用，同时为公司创造了实际效益。

本项目借助Grasshopper参数化设计平台自主研发适用于幕墙的小程序，实现快速建模、工艺排版、工程量统计等，大大提升了工作效率和准确性。

本项目在设计、加工、施工各环节都应用了BIM技术，但仍然存在碎片化应用问题，BIM的深度应用和系统建设仍有待进一步提高。

项目完工实景照如图26.18所示。

图26.18 项目完工实景照

27

金湾市民艺术中心幕墙项目

27.1 项目概况

金湾市民艺术中心位于珠海市金湾区,是一个当代创意中心。项目总建筑面积 9.958 万平方米,总幕墙面积约 8.5 万平方米,建筑最高 34.937 米。金湾市民艺术中心项目设计概念源自候鸟在编队飞行时的"V"形图案,每个场馆都采用了重复、对称且尺寸来回变化的格状钢制顶篷,从而形成了一个由相似元素构成的组合。建筑分为四个馆:大剧院、多功能厅、艺术馆和科普馆。项目方案效果图如图 27.1 所示。

图 27.1　项目方案效果图

27.2 BIM 技术应用成果与特色

本项目研究通过使用 Rhino 数字化设计工具,对 UHPC 板曲面造型进行分析,对铝板进行翘高分析,并在保证外立面效果的前提下,进行曲面优化,降低材料加工和施工难度;研究批量生成幕墙面层和基层龙骨材料加工数据、空间坐标定位数据,在较短的工期内实现了复杂异形幕墙材料设计和加工;研究采用三维扫描技术,高效采集现场结构坐标数据,进行施工方案模拟、智能放样,满足绿色施工和智慧建造的需求。

27.2.1 投标阶段

投标阶段部分成果如图 27.2 至图 27.4 所示。

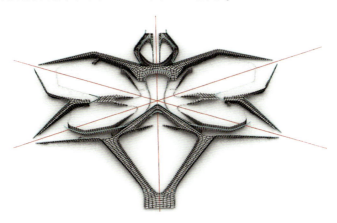

图 27.2　UHPC 板曲面分析

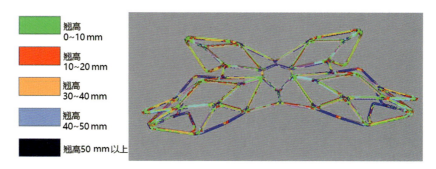

图 27.3　包梁铝板翘高分析

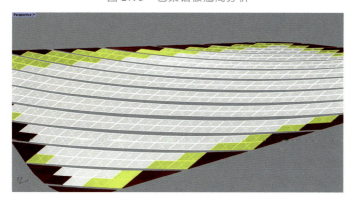

图 27.4　批量优化曲面

27.2.2 深化设计阶段

深化设计阶段部分成果如图 27.5 至图 27.7 所示。

图 27.5 三维激光扫描

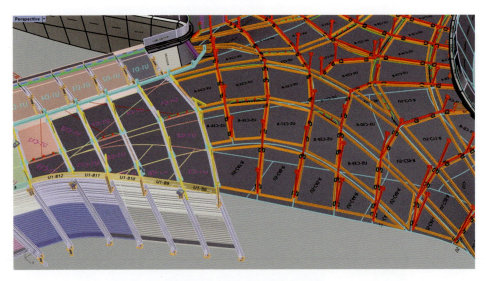

图 27.6 UHPC 龙骨批量创建

在这项研究中，通过采用创新性的方法，成功实现了复杂异形幕墙的高效设计和加工。通过批量生成幕墙面层和龙骨的材料加工数据以及空间坐标定位数据，项目团队在相对较短的工期内实现了对复杂异形幕墙的设计和制造。项目团队利用先进的数字化设计技术，如三维建模和数据生成，使得幕墙设计和制造过程更加智能化和高效化。通过建立精确的三维模型，将幕墙面层和龙骨的材料特性、加工规格以及空间坐标等信息纳入模型中，实现了对不同构件的批量生成和管理。这种方法不仅减少了人为错误，还加速了设计和制造的流

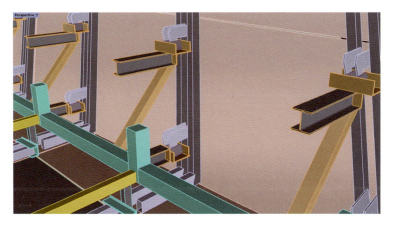

图 27.7　方案模拟

程,使得复杂异形幕墙的实现成为可能。同时,三维扫描技术的应用进一步提升了整个项目的效率和准确性。在现场使用三维扫描仪,可以高效地采集到建筑结构的精确坐标数据,为施工方案模拟和智能放样提供基础。这样的数据采集过程不仅节省了时间,还大大减小了测量误差,为后续工作的准确进行奠定了基础。此外,智能放样和施工方案模拟也有助于提前发现问题并做出调整,进一步降低了施工风险。总之,这项研究不仅在幕墙设计和制造领域取得了显著成果,还为建筑行业的数字化转型和智能化发展提供了有益的范例和经验。

27.2.3　施工阶段

施工阶段部分成果如图 27.8、图 27.9 所示。

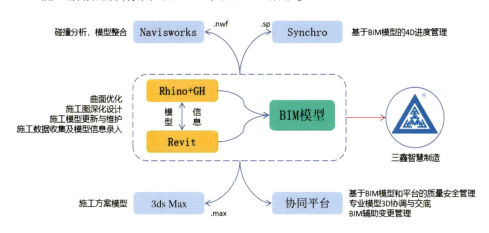

图 27.8　BIM 应用数据交互

图 27.9　现场安装效果

在这个项目的施工阶段，采用了一系列先进的技术和方法，以提高效率、优化管理，并确保施工过程的顺利进行。首先，项目团队利用 BIM 技术，实现了信息的高效流转。通过将设计、施工和管理信息整合到一个统一的数字模型中，团队可以实时共享各种数据，从而实现更好的协同工作。在测量和定位方面，全站仪成为施工现场的重要工具。全站仪能够高精度地测量各种结构和元素的坐标，确保施工的准确性和精度。通过将全站仪与 BIM 模型结合使用，可以实现设计与实际施工之间的无缝对接，从而避免误差和不一致。另外，无人机航拍技术在施工现场也发挥了重要作用。无人机能够高空俯瞰整个施工区域，快速获取大范围的图像和数据。这些数据可以用于监测施工进度、定位问题和风险，同时为项目管理提供了全面的视角。无人机航拍技术不仅提高了施工监控的效率，还为项目决策提供了有力支持。综上所述，通过采用 BIM 信息流转、全站仪和无人机航拍技术等先进手段，该项目实现了高效、精确的施工，为实现绿色施工和智慧建造的目标迈出了坚实的一步。

27.3　BIM 技术应用总结与反思

在本项目中，BIM 技术的广泛应用产生了丰富的社会效益，具体体现在以下方面。

首先，通过运用先进的三维扫描技术、参数化下单及出图技术、三鑫智慧制造技术等，项目团队成功地完成了复杂造型幕墙的设计和施工。这些技术的协同应用为幕墙的制造、安装和监管提供了全新的方式，使得整个工程能够更加高效、精准地进行。特别是在设计和施工的协同过程中，BIM 技术为团队提供了一个数字化的平台，使得各项工作能够紧密配合，从而大大减小了误差、避免了延误。

其次，BIM技术的应用增强了公司的竞争力。通过在本项目中展示先进的技术和高水平的执行能力，公司成功地树立了在高端建造领域的形象。这不仅有助于公司持续推动高端建造战略的实施，还为未来项目的获得和合作创造了有利的条件。

最后，本项目中的BIM技术应用不仅仅是一种途径，更体现了公司的管理水平和创新意识。通过将数字化设计技术应用于项目中，企业积极拥抱了数字化时代的发展趋势，展现出了对技术不断创新的追求。这种创新意识不仅提升了企业的技术能力，还对品牌形象的进一步建立产生了积极的推动作用。

综合而言，本项目中BIM技术的应用产生了多方面的社会效益，包括提升了项目的执行效率、增强了公司的竞争力、展示了管理和创新能力。这些效益不仅在本项目中得到了体现，还为企业在未来的发展中提供了宝贵的经验。

28
珠海横琴国际金融中心幕墙项目

28.1 项目概况

珠海横琴国际金融中心坐落于横琴岛上的十字门中央商务区内，位于十字门中央商务区北端，面朝澳门与珠海，与澳门大厦和珠海中心大厦隔岸相望。建筑面积 21.92 万平方米，塔楼幕墙面积 6.5 万平方米，地上 69 层，建筑高度 339 米，主体结构为钢筋混凝土框架-核心筒结构、钢结构。第 1~8 层为商务会展、餐饮区，第 9~44 层为商务办公区，第 45~68 层为商务公寓区，第 69 层以上为空中花园，并设有第 8、17、31、44、55 层五层避难层。项目方案效果图如图 28.1 所示。

图 28.1　项目方案效果图

IFC 项目塔楼主要为单元式幕墙系统，包括普通单元式幕墙系统和转换区异形单元式幕墙系统。其中转换区外立面为内倾双曲面造型，采用单元式幕墙系统设计。双曲面玻璃单元制作工艺复杂，成本高昂，需对双曲面进行优化，采用"以折代曲"的方式，用平面面板单元来拟合曲面效果。平面拟合导致单元板块之间产生渐变的缝隙，并导致单元板块为各不相同的空间板块。因此，如何合理地优化、设计，既能满足整体建筑造型效果，又能减少加工以及施工的难度，是本项目需要重点解决的问题。

系统分布如图 28.2 所示，转换区（EWS 02）效果图如图 28.3 所示。

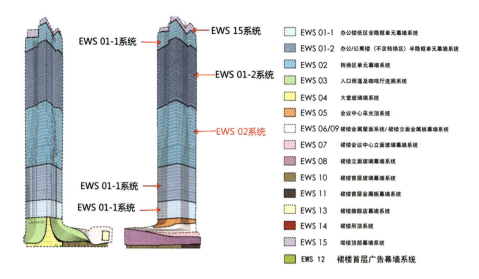

图 28.2 系统分布

图 28.3 转换区（EWS 02）效果图

28.2 项目重难点分析

本项目造型复杂，原模型面板划分单元为空间异形幕墙单元，其加工难度大，生产周期长，成本高。

曲面优化成直面后幕墙单元之间缝隙的处理，同时保证板块间正常插接，是本项目设计的重、难点。

体形变化导致板块种类繁多，几乎每个板块都不一样。如何能够快速地建立每个板块的模型并提出每个变化的参数来指导加工成为主要问题。

大量信息的处理、非标准幕墙单元加工效率的提高以及各专业部门如何高效协作来保证工期也是本项目的重点。

28.3　BIM 技术应用成果与特色

本研究通过使用 Rhino 数字化设计工具，分析不同类型的玻璃拱高、单曲板和双曲板，并在保证外立面效果的前提下，进行曲面优化，降低材料加工和施工难度。

在保证整体扭曲效果的基础上以折代曲，将板块优化成平面板块，降低设计和施工难度。相邻板块的"V"形及"X"形错缝给幕墙单位带来新的挑战。经多次优化后，找到最佳表皮方案。随后通过分析统计错缝、倾斜角度等板块数据，为施工方案设计提供可靠依据，同时验证方案的可行性。表皮优化分析如图 28.4 所示。

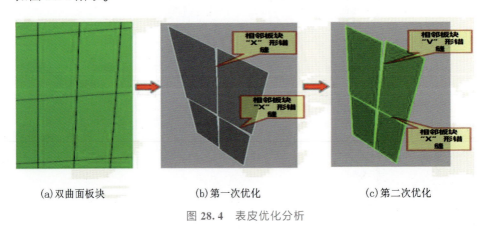

(a) 双曲面板块　　　(b) 第一次优化　　　(c) 第二次优化

图 28.4　表皮优化分析

28.3.1　利用参数化辅助幕墙设计

如何解决相邻板块的"V"形缝及上下相邻板块的"X"形错缝带来的各

个难题,是幕墙单位设计、加工及施工的重难点。参数化为设计提供数据支持,同时不断推敲设计的可行性。利用参数化辅助幕墙设计如图 28.5 所示。

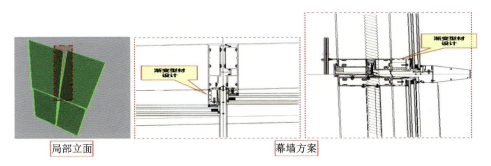

图 28.5　利用参数化辅助幕墙设计

28.3.2　模块化程序辅助幕墙面板的下单

利用参数化技术,有针对性地编制幕墙面板下单的模块化程序,可轻松获取模型中各个种类的面板数据,自动生成下料单。同时,建立出实际大小的面板模型,并给出对应的编号供后期数据的核查。面板模型如图 28.6 所示,下单程序如图 28.7 所示,实际模型及导出加工图如图 28.8 所示。

图 28.6　面板模型

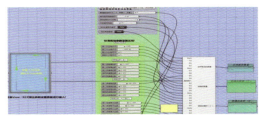

图 28.7　下单程序

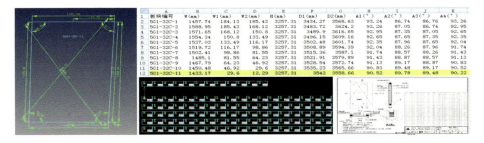

(a)面板加工图　　　　　　　　(b)批量导出加工图及数据表

图 28.8　实际模型及导出加工图

28.3.3 模块化程序辅助幕墙标准单元数字化下单

本项目部分板块仅尺寸大小、角度有所变化而型材使用截面没有变化，针对此类板块的数字化下单能大大提高效率。模块化程序辅助幕墙标准单元数字化下单如图 28.9 所示。

图 28.9　模块化程序辅助幕墙标准单元数字化下单

28.3.4 模块化程序辅助幕墙复杂单元板块的建模

采用 BIM 参数化方式可以轻松解决板块变化的问题，缩减工作量。为保证模型的模图使用及构件间各关系的正确性，避免编程人员的逻辑错误，通过三维模型导出二维图纸用于模型的检验与校核仍然有必要。模块化程序辅助幕墙复杂单元板块的建模如图 28.10 所示。

28.3.5 利用单元式幕墙智能加工模块实现三维模型加工

将幕墙构件实体 3D 模型导入 CNC 设备接口软件，通过 CNC 设备接口软件的处理，自动生成与 3D 模型对应的加工程序，最终通过 CNC 实现自动化加工，整体实现无纸化运作。利用单元式幕墙智能加工模块实现三维模型加工如图 28.11 所示。

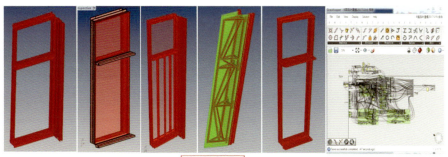

图 28.10　模块化程序辅助幕墙复杂单元板块的建模

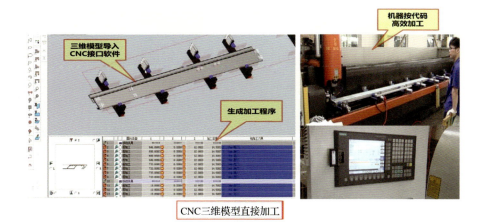

图 28.11　利用单元式幕墙智能加工模块实现三维模型加工

28.3.6　利用 BIM 模型指导现场施工安装

利用 BIM 模型指导现场施工安装如图 28.12 所示。

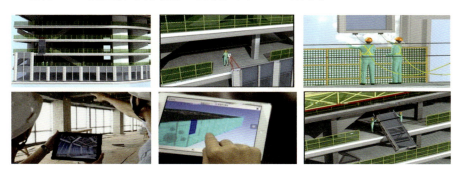

图 28.12　单元板块现场施工安装

28.3.7　运用企业 BIM 平台实现各部门之间的管理协作

BIM 平台实现参与项目的各部门之间的高效协作，各部门所需数据均由同一中心模型文件提供，保证了信息的准确、统一，提高了各部门的工作效率。

28.3.8　BIM 技术应用总结与反思

本项目共有 8268 个幕墙单元板块，其中转换区共 2584 个单元板块，均为异形板块，种类有 684 种，用传统方案工作量巨大，BIM 技术的运用使项目可以减少 50%～70% 的变更单、减少 20%～25% 的各专业协调时间、缩短 5%～10% 的施工工期。

针对幕墙外立面造型复杂且幕墙单元板块种类繁多，大多为异形板块，其幕墙构件设计、加工、安装等一切数据来源于空间模型。造型复杂，幕墙单元多异及幕墙构件的不一致，使得幕墙构件的加工图设计工作量巨大，且过程中容易出错。

将 BIM 技术引入幕墙设计的各个环节，充分利用计算机辅助完成各个环节的各项工作，对于提高效率和实现项目科学的管理有着极其重要的意义。